响应式Web设计全流程解析

RESPONSIVE DESIGN WORKFLOW

【美】Stephen Hay 著 余果 等 译

人民邮电出版社
北京

图书在版编目（CIP）数据

响应式Web设计全流程解析 / （美）海伊（Hay, S.）著；余果等译. -- 北京：人民邮电出版社，2014.9（2017.3 重印）
ISBN 978-7-115-36421-0

Ⅰ. ①响… Ⅱ. ①海… ②余… Ⅲ. ①网页制作工具 Ⅳ. ①TP393.092

中国版本图书馆CIP数据核字(2014)第168978号

版 权 声 明

◆ 著　[美] Stephen Hay
译　余 果 等
责任编辑　赵 轩
责任印制　彭志环　焦志炜
◆ 人民邮电出版社出版发行　北京市丰台区成寿寺路 11 号
邮编 100164　电子邮件 315@ptpress.com.cn
网址 http://www.ptpress.com.cn
北京京华虎彩印刷有限公司印刷
◆ 开本：720×960 1/16
印张：14
字数：190 千字　2014 年 9 月第 1 版
印数：2 601–2 900 册　2017 年 3 月北京第 3 次印刷
著作权合同登记号　图字：01-2013-5722 号

定价：55.00 元

读者服务热线：(010) 81055410　印装质量热线：(010) 81055316
反盗版热线：(010) 81055315
广告经营许可证：京东工商广字第8052号

序

我不得不说，你正在读的这本书非常棒。

路德维希•维特根斯坦说过一句话，我很喜欢："我的语言的界限就是我的世界的界限。"这个概念很神奇：这意味着你的词汇量越大，你的视野就越宽广。

我常常会想这句话，还有我的第一份工作。因为回忆过去，我才意识到我的Web设计入门遵循了一条非常狭隘的路，被四个词局限住：发现、设计、开发、发布。我被教导的是，每一个设计项目都被分为这四个独立的步骤。先是调研，然后设计阶段，然后就是编码实现，最后站点上线。简单、直观、线性开发。

开发流程有点像是接力比赛，团队成员必须完成自己的工作，然后其他人才能开始，一个一个传下去直到最终站点上线。当然，现实中有时候会出现一些意外和混乱。但是当我们不要仅为桌面设计站点，还要把我们的设计延伸到越来越多的设备上时，这种老旧的线性工作流程开始暴露出局限性。团队需要更多的合作。调研、设计和开发之间的联系比我们想象中更加紧密，而传统瀑布流的方法将它们割裂开了。

幸运的是，在本书中，Stephen分享了他在这几年的思考，这是一种为Web设计和开发量身定做的响应式设计流程。他引导我们通过一个设计练习来了解新的线框模型，然后给客户展示响应式的设计，这让我们确信，这确实是更好的工作方式。

如果我们的世界的界限是由我们的语言限制的，那么Stephen的书就是一本名副其实的词典，它包含了新的原则和技术，它会颠覆你已有的思考方式，不光使你重新思考设计，还有Web的本质。

这本书会大大扩展你的视野，好好享受吧。

Ethan Marcotte

译者序

关于什么是正确的 Web 设计流程，这个问题没有统一的答案，探其原因，是因为 Web 设计是一门非常年轻的行业。

十几年前，Web 设计是由传统的平面设计师兼职的，在之后十几年变化中，这一职位渐渐分裂为 Web 设计相关的各个职位，包括用户研究、交互设计、视觉设计、前端开发。这些职位的分割带来了设计流程上的隔阂，每个人成为流水线上的一环，专注于输出自己的“交付物”。交互设计师输出线框图、流程图以及可交互的原型。视觉设计师参考交互设计师的交付物，输出精美的视觉设计稿，如果是响应式设计，需要输出多份设计稿。前端工程师根据视觉设计稿来输出静态页面。

这一现象带来的弊端有：很慢的开发流程，在输出产出物上无谓地浪费了时间；在针对需求变更的时候不能很好地响应变化；在移动浪潮来临的时代因为要输出多份交付物，流程显得更慢；大家的工作方式更像是传统软件公司的流程，而不是互联网公司的流程。

本书作者 Stephen 对这一现象提出了自己的疑问，并给出了自己亲身实践的一套流程方案。

Stephen 鼓励耦合度更高的设计流程：设计团队更加紧密地坐在一起，为同一个项目快速研发。

鼓励关注内容，关注基本内容的可用性，这样能确保在最糟糕的情况下，用户得到的网站也是可用的。

鼓励设计师身兼数职，不再区分交互设计师和视觉设计师，因为现在的交互线框图太具体明确，视觉设计师没有发挥才能的空间。

即使仍然保留交互设计师和视觉设计师的职位区分，也不再输出传统交互线框图，而是使用可迭代的交付物。交互设计师输出 HTML 页面，视觉设计师可以基于此来工作，避免时间浪费在交付物的输出上。

鼓励设计师学习一些自动化工具，比如简单的 HTML 和 CSS、自动截图脚本、静态服务器等，把自己从无聊的大量输出中解放出来。

目标读者

如果你是:

大公司或者小公司中的交互设计师、视觉设计师、前端工程师，并且你希望能改善现有的设计流程，更好地拥抱变化和移动互联网时代。

独立 Web 开发者，在针对客户的需求变更和响应式的需求时疲于修改，希望能改善流程。

希望能学习更多 Web 知识的学生。

那么这本书就是为你而写。

对于专注交互和视觉设计师来说，这一创新流程是不小的挑战，因为要跳出自己的舒适区，学习一些技术相关的知识。而对于已经习惯已有流程的同事，要推进新的流程在整个部门的落地势必会遇到很大的阻力。

虽然挑战很大，但随之而来的回报是颇为丰厚的，在移动互联网的时代，谁更快、更能拥抱变化、拥抱多终端设备，谁就能更成功。

余　果

腾讯 ISUX 高级前端设计师

2014 年 6 月 8 日

译者简介

余 果

腾讯高级前端设计师，负责本书的部分翻译和全书的校对工作。
有志成为全栈工程师，并积极地利用技术来优化用户体验。

周天牧

前腾讯产品经理，现创业。
信仰互联网精神，坚持学习，对产品、技术、设计和商业模式。

陈伟华

前腾讯前端设计师，现居新西兰，
是一位自由职业者，正在学习油画。

林钊仕

前腾讯前端工程师，现创业。
热爱 Web 事业，热爱分享。

黄雪莲（snowdrop）

金立前端工程师，常年混迹于互联网。
专注技术，捣鼓翻译，热爱跑步，享受在个人局限中无限燃烧自己。

王琨琛

iFLYTEK 项目经理，热血青年。
喜欢摇滚、足球、机车、马拉松。

目录

第 1 章

拥抱变化

互联网是个神奇的存在，是个不断变化，并且在创新中见证奇迹的地方。如果你记得最早的互联网长什么样，你会有更深刻的感触。1995 年建立的网站和那时的“设计”，在现在来看可能更像一个笑话。

某种程度上说，现在网站的设计流程已截然不同，但反过来说，却也丝毫未变。

从互联网的伊始，设计师们就在绞尽脑汁将创意落实到浏览器里。最早火起来的互联网设计师是那些爱耍小聪明的家伙，用 hacking 技巧来帮助自己实现目标。从 spacer GIF 和表格布局（layout tables）到滑动门（sliding doors）、伪等高布局（faux columns）和图像置换，再到编程框架、CSS 预处理器和 JavaScript polyfills[1]，他们将设计与网页融合的招儿想了个遍，即使需要把页面内容和无实际含义的表现元素相结合，甚至破坏语义化的 Web。

时光流逝，不论是上网设备、浏览器还是用户本身，都随整个互联网发生了巨变，但设计流程还基本保持着早期互联网时代的模样，更准确地说，与互联网产生之前一样。

1.1 精美设计稿的诞生

我以前在传统设计行业工作。那时候刚毕业几个月，我就去了荷兰，花几周时间打遍了周边所有设计公司的电话，通过了其中一家公司的面试并拿到了实习 offer。那是 1992 年，大部分荷兰人在 3 年后才接触到互联网。我所在的这家小公司有台电脑，我记得是台苹果的 Macintosh LC。它只能用来写信或者开发票，唯独不能做设计，而那时的设计稿都是用昂贵的彩色马克笔手工绘制的。

1 JavaScript polyfills 指一些浏览器暂不支持的高级 CSS 或者 HTML 特性，使用 JavaScript 实现类似的功能，作用是让使用高级 CSS 和 HTML 功能的开发者不用纠结浏览器兼容性问题（译者注）。

那时候我们做设计纯靠手绘。就像在学校学过的那样，先画草稿，越多越好，选几幅好的，再画初稿。然后再从初稿里选 1 到 3 幅画出成品，因为广告公司都喜欢以量取胜，所以一般都是 3 幅。在那个年代，负责马克笔渲染的设计师是最牛的。印前工作都是整体或部分外包给专业公司的。而常和电脑打交道的我，很费解为什么电脑在行业里没有被充分利用，但这种情况很快就不一样了。

6 个月后我转正了。源于对电脑字体排版的钟爱，我探索出一条路：在公司的 Macintosh Quadra 700 电脑上（在我开始实习不久后买的）用 QuarkXPress 创建设计稿，打印出来，并在这个设计稿的基础上做马克笔渲染。这对我们的客户来说有更实际的好处——所见即所得。我认识的其他设计师也纷纷效仿，开始把彩印图片加入设计初稿而非手绘。没过多久我就开始用 Photoshop 和 QuarkXPress 在电脑上做完整的设计稿。这期间许多经验告诉我，用电脑做设计很省事儿，只需要在印出的设计稿上用马克笔画阴影就行了。于是我开始用 Photoshop 完成全部设计，因为这样效果看起来更真实。客户都爱 Photoshop 渲染，而那些曾经很厉害的马克笔渲染设计师，从此以后就接不到我们的活儿了。

我对这样的工作方式很满意，但当时却没有意识到电脑正在逐渐取代马克笔，我在创造产品而非仅仅实现视觉。不过事后来看，用电脑排版，批量复制样式精美的作品确实节省了时间，也成为了常规的工作方式。当我开始用 Photoshop 的时候，与其他纯手绘的公司比起来，作品质量确实鹤立鸡群。客户都希望看到他们将得到的是什么，于是我们每次都胜出。最终，大家都选择这么做。

有趣的讨论接踵而至。是否因为我们使用了新的工具就削弱了创意？以往大家的印象是，用马克笔在纸上作画是创意的延伸和实现，而电脑却从某些程度上僵化了这些创意。作为视觉设计的工具，电脑是不是让我们变得缺乏创意？抑或是一个更有效的实现已有创意的工具？整个行业在基础重复性工作上投入大量时间值得么？真的有必要在售前阶段细化如此多的细节吗？

不论如何，事情自然发展着。客户都开始期待优质的精美的静态设计稿。我们的做法是，把打印好的设计稿贴在展板上展示给客户，告诉他们这就是方案。当时我们也没想到更好的办法展示，因为稿子用电脑打印总比马克笔手绘更接近现实。

1.2　静态设计稿舒适区

在我们做精美的静态设计稿几年后，发生了有趣的事情——互联网诞生了。你可能会期待，这个改变全世界的新事物能否也在设计领域催生什么变化，正如当年电脑帮助设计脱离了纯手工劳动那样。但什么都没发生。我们仍然用 Photoshop 合成漂亮的产品设计稿，而客户也认可，于是我们就这样继续了多年。

停下来想想，设计界随着电脑的出现产生了天翻地覆的变革。作品变得更真实，它们比以往任何时候都更准确地展示了最终产品的样子。为什么类似的变革没有随着互联网的出现而产生？

我个人的观点是，网上展示出来的东西看起来不够好。早些年里，网页字体不是抗锯齿的，而 Photoshop 设计稿却能使抗锯齿。所以它看起来更美观，因此也能卖得好。

这种总把网站设计稿处理成漂亮图片的办法带来了麻烦。最后我也厌倦了总是向客户解释，为什么网站上线后看起来总是比设计稿差很多。于是我放弃了抗锯齿化，并且要求我的员工也这么做，因为我不想让客户有这种不愉快的“惊喜”。这么多年来，我们使用图像编辑软件，比如 Illustrator 或者 Photoshop 时，一直尽可能坚持真实。与此同时，我们采取两个配套措施：一是多说话，第二是生动、精确地解释我们做出来的网站长啥样。这些策略在很多项目上救了我们的命，但那个时代正在过去。

响应式互联网来得很自然。它不是台式机互联网，不是最新的 Safari 浏览器互联网或者移动互联网或者 iOS 互联网，也不是平板电脑互联网。它是不受终端设备和物理限制，所有人都可以访问所有网上信息的终极网络。

现在的互联网设计更具挑战性，正如开发者 Jack Archibald 所说，现代网站分为文档型网站和交互型网站。设计交互型网站（或者叫 Web App），我们不仅要考虑形式和内容，更要考虑人机交互，而用视觉把交互表达好是很难的。

1.3 专家的入侵

很久以前，每个公司只要一个人就可以完成绝大多数的网页设计，不包括项目管理、后台开发，只包括视觉设计、交互设计和常见的前端开发。

1998 年，前端开发主要的工作就是写写 HTML，也有些 Flash 要做。我最早的员工都不知道什么是 CSS，还得我来给他们解释。那时候还有很多用 CSS 做不了的事情，而 JavaScript 还完全名不见经传。

那时候设计一个网站大概是这样的：在 Photoshop 里画好设计稿，切图，把它们放回 HTML，用 Photoshop 渲染的内容替换对应的部分，不论这个网站是小的静态宣传站还是 CMS 的模板站。

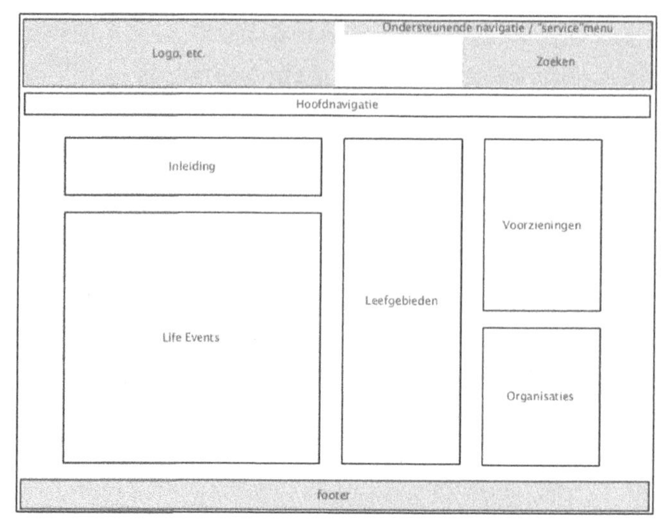

图 1.1　早期的线框比今天常用的线框简单。

当开始系统化、模块化地思考网站的视觉架构时，我们用最简单的线条，称为线框或者图表，来描绘网站。即使文档型网站也有交互方式，而这些特性都需要在设计流程中沟通清楚。

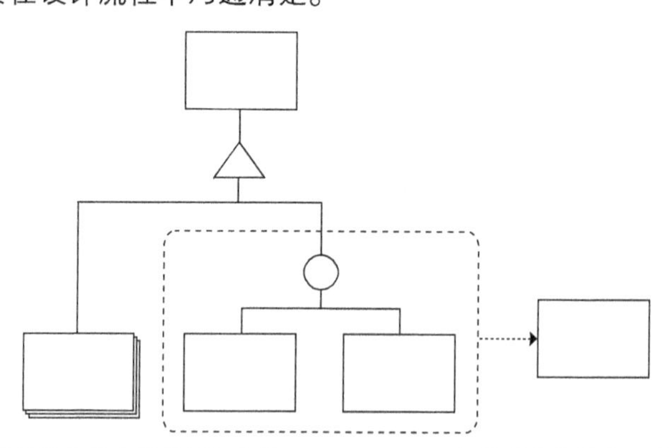

图 1.2　许多设计师和信息架构师仍然用Jesse James Garrett视觉图表来描述网站结构和交互。

在我的记忆中，从 2002 年开始，事情有了转折。当项目足够大，网页上的工作量足够复杂时，我们会在一两个前端体验上专业化。许多设计师还在写 HTML，而网站图表和线框是信息架构师的工作范畴。像“Jame Garrett 的视觉词汇表”这样的工具给了我们一个方法，可以根据基础交互实时查看网站结构。随着交互形式的变化，从客户端和服务器的交互到更小而具体的客户端侧交互，专家们使用了大量细化的线框来展示。这些线框逐渐变成了没有颜色和图片的网页，有时在设计稿里为了客户可以点击，在线框里配上链接可以互相跳转。

不久之后我们意识到，继续做一个全面的网页设计师很难了。网页设计领域诞生了信息架构、交互设计、视觉设计、前端开发等细分子领域，几年后又相继出现了更多子领域，比如每个网站都有强需求的内容运营和时常含糊的用户体验设计。这时，作为交互设计师重要的产出之一，线框已经足够细化，而视觉设计师的职能也相应有略微改变。即使在笔者成文的今天，在很多网站设计和开发公司，许多视觉设计师仍遵循传统瀑布流程，跟随着交互设计师的脚步。这意味着，视觉设计师拿到手的是复杂的线框图，并且是由客户看过并且认可的，没办法改动。这让他们的工作简化成了令人尴尬的“根据编号涂颜色练习”。视觉设计师被要求在线框的基础上做设计——改改字体排版、按网格排整齐、上色并画出图像——基本可以概括为在线框的底子上做点小修饰。

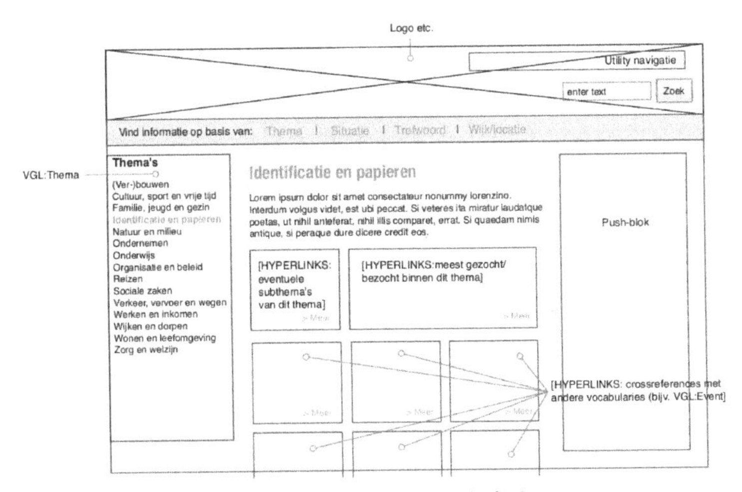

图 1.3　今天的细化线框毫无想象空间。

在这种情况下，真正的设计工作是由交互设计师完成的，他们才是解决问题的人，而视觉设计师只是按照线条上色罢了。这看上去很不公平，因为不解决问题的设计师仅仅是在做装饰，而做装饰不是设计。

1.4 我们都是交互设计师

Archibald 所说的文档型网站和交互型网站之间的区别并不那么明显，有时候文档型网站也需要有交互性的内容。搜索或者过滤信息、登录或请求文档、填充表单、甚至在网站不同模块之间点击跳转都是由用户不假思索就完成的交互动作。

我认为交互设计师和视觉设计师应该是同一个人。实际上我敢断言，只要是做前端网页相关工作的设计师或者开发者，都可以被称为交互设计师，因为他们工作的某些方面总会影响用户体验。一个优化性能的开发者是在积极地提升用户体验和交互；一个设计师有意用颜色、空间、大小和表单的排列方式也是为了让用户更顺畅地使用网页；而一个内容运营者认为某些内容重要，某些内容不重要，也是在考虑如何提升用户体验。

这并不意味着纯做交互的设计师没有自己的地位，只是想表达，从古至今，视觉设计师一直在解决各种交互的、可读性的、可用性的、美学的问题，没有必要在网页设计领域让他们只做装饰。至少，交互设计、视觉设计和内容运营（也可能还有其他领域）应该比现在有更多的重叠。这需要增加各个步骤间的合作，而不是把现有的每个步骤独立。

1.5 跳出瀑布模型

我建议用跨职能的迭代方法取代瀑布方法，这样可以让客户体验到整个设计从头到尾的进化过程，绝无可能产生不愉快的“惊喜”。我建议采用重叠的、合并的职能安排，在设计流程内彻底把坑填满。

找期望演进、迭代的设计流程，特性和元素都是根据需求添加的。这个流程基于“小步快跑”原则，从最简单的结构式设计稿开始一步一步迭代到最终的复杂成品。这个流程的特点是，从小开始，慢慢变大。它很杂乱，是因为没有先完成线框然后交给设计师。线框是简单的，它逐渐变成设计，直到变进了浏览器。

互联网给了我们绝好的机会，让我们可以在设计的同时有个媒介来检测结果。别再设计网站的图片了，想想怎么切实在各个方面同时提升用户体验吧。

这本书展示了我在这个创新过程中的尝试。

1.6 压死骆驼的稻草

对于本书理念的思考开始于四年之前，那时我正在跟进一个客户项目，在 Photoshop 模板中创建设计。Photoshop 模板能表示对应的 Web 页面和页面中包含的元素。我们需要对这些页面进行清晰的描述才可以做设计稿。我们一般也是这么做的。但在这个项目里，做前端的公司要求每个元素必须在 Photoshop 文件里精确描述。如果链接是蓝的，那 Photoshop 模板文件里所有用到这个链接地方都得有所体现。我们不能简单标注下 " 链接是蓝色的 " ，因为 Photoshop 模板文件就是他们的文档。好吧这也是一般的做法，但是紧接着一件令我不爽的事发生了，客户反馈需要在段落间添加元数据，并且头部的尺寸要改，虽然这些在当时也很常见。接下来的两天，我所做的只是打开一个 Photoshop 模板文件，增加所需改动部分的高度，手工移动每一个像素，最终对每个 Photoshop 模板文件依法炮制。

如果这个项目是个该死的 " 响应式 " 设计项目会怎样？在 100 个 Photoshop 文档上做了相同的操作后（假设每个文档 20 页，五屏大小），我宁愿像个胎儿一样蜷缩在某个黑暗的角落。

当我意识到两天的工作量用两行 CSS 代码就能搞定时，我立刻决定再也不用 Photoshop 做模板了，并开始创造一种全新的、省时省力省脑细胞的工作流程。

2010 年我成为了一名独立顾问，可以有机会实践我的新工作流程：客户必须无条件接受我的工作方式。我发现，不论对客户还是对我自己，这种方式效果都很好。并不是说这种方法没有自己的问题（这些问题现在仍然存在），但和瀑布流程相比，它更快、更简单、更有趣，客户也更喜欢看见从结构化内容到成品的整个设计演化流程。另外，无需我多言，他们也能看到并欣赏我们为一份设计稿的诞生所做的努力。

1.7 屋里的大象

考虑采用全新工作流程的主要原因之一是为了响应式设计。从本质来看，响应式设计让一屏单独的静态页面变得毫无意义。在图像编辑器里创造的图像不是任何浏览器里的页面，更别提种类繁多的浏览器的背后还有更种类繁多的跨平台多视图（见图 1.4）。总之在我看来，响应式设计比单独的页面设计高明太多。

图 1.4　对于因屏幕尺寸不同而变的布局，静态设计稿太费时。

图像编辑器仍是有价值的工具，比如用来编辑图像、组合图片，制造有创意的情绪变化，例如萨曼塔·沃伦发明的 Style Tile。Photoshop 和其他图像编辑器早已变成了很多设计师的视觉游乐场，用他们来创造静态设计稿太老掉牙了，建议设计师们用一点心思来探索你们的设计工具吧！

1.8 这并非福音书

直到今天，我仍然使用这个设计流程。虽然它不是一个完美的从头到尾的网站设计开发过程，而且有些地方会有点乱，但它是我认为最理想的视觉设计流程，让内容策略、交互设计、可用性设计与实用性都能有所重叠。

这本书的设计流程已经在项目中实践过了，不可能被一句轻描淡写的“只是对自由职业者有用的小玩意儿，但对我们大型的 Web 工程毫无意义”所雪藏。因为，本方法的有效性已经在或大或小的项目实际操作中得到过印证。

本书的观点比较中庸，有老的有新的，也有各种观点的糅合。你也许会看到自己的思路，也有可能和其他同样优秀的观点混杂。书中的工作流程并不是一定是对的或者错的，但它会挑战很多深入人心的工作习惯和思维。

1.9 这是个挑战

这本书会督促你从不同的角度思考，你怎么设计，用什么工具设计。它会挑战你去学习一些 HTML、CSS，甚至在可怕的 CMD 界面下操作命令行。它会鼓励你跳出固有的思维模式和设计工具，学习一些开发者的工具来释放你更多的精力去思考，更快捷高效的工作，而不是仅仅做一个切图仔。实际上，你会很享受需求变更。呃，当然，只是一定程度的变更。

这本书也记录了两年来的试验、观察、阅读、思索和实际操作。这个工作流程对我有效，但并不意味这里的描述也对你们一样起作用。我邀请你来发现对自己、客户和团队有用的部分。我的希望是，至少书中部分思想可以改变你设计的方式和你对设计的看法。

希望你获得乐趣，不断学习。

第 2 章
从内容开始

响应式设计的第一步是建立一个内容清单。哪怕你对这个已经很熟悉了，也可以听听看我是怎么处理结构化内容的。你可能会发现我这里的内容清单和你所熟知的迥然不同。

一般我们认为“内容为王”。我不太赞同这个观点。设计师 Paul Rand 将设计描述为“将内容和形式合为一体之道”。Rand 的描述印证了我对设计的看法：内容与形式可以相得益彰，也可以格格不入。也就是说，结构化内容可以立足于自身。形式（包括构图、色彩、图像和排版）与内容相结合的设计可以令信息更加通俗易懂，同时使用户界面更加易用。

所以，我觉得“（形式与内容相结合的）设计为王”。结构化的内容是很高级别的术语。这里的结构不必（也不应该）以纯可视化的形式展现，而应作为可编辑的元数据存于它所表示的介质中。如同 HTML 这样的标记语言、或者是文字处理中的结构化元素。

结构化内容是语义化的，它描述的是各个部分的内容究竟是什么。“这个是标题”“这个是段落”“这是对应表头的单元格”。HTML 虽不完美，却是我们在网络上描述内容最主要的方法。我们试着用语义化的标记语言来描述每一个元素。如果还无法准确描述，我们会使用类、事实标准、微格式这样的 HTML 属性，以及像 RDFa 和微数据这些其他的元数据标准。

2.1 微结构 vs. 模块化结构

为了方便称呼，我们将文本级别的语义化结构命名为微结构，因为它是网页中最小的元素。对于这样文本级别的微结构，我们无法进一步拆分。比起微结构，还有更高级别的内容结构。我们下面以一个登录表单（见图 2.1）为例。

图 2.1 即使像登录表单这样简单的页面也是由基础的 HTML 元素组成的。

图 2.1 中的登录表单是一个由很小的结构化元素组成的结构化元素。有人称之为“模块化组件”。这个表单组件包括了一些基本的 HTML 元素。

- 一个标题
- 一个标签和一个用户名输入框
- 一个标签和一个密码输入框
- 一个用于记录用户登录信息的选项卡
- 一个按钮
- 一个用于注册和获取遗忘密码的链接

我们做了什么？这个列表就是一个简单的内容清单。记住这里的例子，我们稍后将会回顾。

在网页或网络应用程序的界面上，组件通常由更小的组件或元素组成。在本书中我们更关注于这些组件，而不是构成他们的 HTML 结构。例如，我们更加关心“主导航栏”组件，而不是组成它的 <li> 标签。我们更关心登录表单组件，而不是输入框和按钮。我们主要关心那些由多个元素共同构成的组件（例如，由多个表单元素联接构成的登录表单）。

2.2 懒人的内容清单

Jeff Veen 曾把内容清单称为“深陷网站中的枯燥漫游”。内容清单一般事无巨细地列出已有的所有内容。但这并不是我们所期望的——太麻烦了。在我们的响应式设计工作流程中，第一步是列出那些页面上必要的东西，而不管它们之前是否存在。对“清单”这个概念，我指的是一个简单的列表。我定义的内容清单并非意在取代传统内容清单，我们只是借用了它的思路，作为设计的起点。

还记得登录表单的内容清单吗？这样的内容清单列出了一个页面上较大并且有意义的组件，这是响应式设计工作流程的第一步。思考一下你想在 Photoshop 这样的图像编辑器中展示的第一个页面。想想哪些内容组件是你需要在页面上实现的。这是你列表的起点。因为很可能你不是最终在网站放上内容的人，所以最好在设计之前先和内容决策人聊聊。即使你只做设计小样，考虑实际内容也能帮助你产出一个合适的设计。传统内容清单上也可能会列出一些必需的内容，这样就很棒。试着在后续的设计流程中使用一些实际的内容。

2.3 通用的例子：本书网站

在本书中，我们将使用一个相对简单的项目为例子，来解释和说明响应式设计流程的步骤。本书网站（www.responsivedesignwork flow.com）包含了每个步骤中需要的一切，并且足够简单，不会因为规模较小而有任何含糊。但是，别被表面的简单骗了，我曾把相同的流程成功应用于大型组织的大型项目。一旦你遍历过了每个步骤，你就可以按这里的方法，将各种点子运用在你自己大大小小的项目中。我鼓励大家自己动手尝试一遍创建本书网站的流程；或者你愿意的话，也可以将这些步骤应用于你自己的项目。

每个项目的开始都有特定的目标和理由。本书的网站意在提供一个具体的地方以供集中改进本书，同时它也提供了各种购买本书的途径。另外，这里也是一个勘误、发布相关信息、翻译和其他有用信息的资源库。

2.4 渐进的设计原则：零界面

在继续之前，我想先阐述一个指导性的设计原则：零界面。几年前，我在大学讲座时引入了这个概念，后来它在我的设计思维中变得不可或缺，我就用它来命名这个原则。

零界面的含义正如其名：完全没有界面。这是一种从用户直达用户所需的信息，所求的结果的交互方式，完全没有任何中间过程。零界面让用户靠"想"在亚马逊下单，想想就能完成。我想要大卫·赛德瑞斯的新书，想想就能完成。我想了解续签我护照的一切信息，想想就能完成。

显然，这种用户界面尚不存在，但这不是重点。在设计过程中怀揣"零界面"的理念，可以帮助我们更好地做决策。

关键是要记住：你对零界面添加任何东西都可能是画蛇添足。它可能让应用崩溃，赶走用户，也可能把信息扭曲，迷惑用户。

如果你把零界面作为设计原则，每次当你试图在网站或者 App 里加入新元素的时候，无论是一个投影效果，一整个区块甚至一整个功能点，你都会问自己一个相同的问题：谁会用？为什么他们会用？有没有其他更高效的备选方案？它对提升整个网站的整体目标有没有好处？既然理想中的"想想就能完成"现在不可能实现，哪些步骤和元素是帮助用户满足他们最基本需求的必备之选？

例如，设计师们实现某个创意，一般都从最常见的页面样式开始入手。他们一般会先画导航栏。反过来想，你怎么知道你需要导航栏？这个例子并不能表达的特别清晰，因为你基本永远都需要导航，不过仍应该根据需求而非"常识"来做选择。用页脚来举个例子，你真的需要在某个具体的网站上加上页脚么？养成三思而后行的习惯吧，在用常见的设计模式时，更应仔细斟酌。

但现实很骨感，作为设计师或者前端工程师的我们，通常没有足够权力做这些重大决定。一般我们只需要乖乖闭嘴，完成别人要求的任务，就已经非常符合预期了。很不幸，但这就是我们需要面对的现状。这并不是说你需要像无头苍蝇一样一味无脑执行。从内容策划，到视觉设计师，到前端工程师，只要是在整个设计过程中的人，都可以批判性的思考，并把更有效的解决方案抛回给做决定的人。

2.5 创建内容清单示例

记住，内容清单只是个列表。它可以把各个项目列举，以备后用。再强调下，我们只考虑最本质的功能和内容：我们的清单目标是内容组件，而不是微结构（HTML 元素），或者布局区域（header、footer、传说中的“主内容”和“侧边栏”）。

那么本书的网站呢？现在这里只有一个页面。以后它可能会变，也说明了设计的可变性。不论怎样，建立内容清单的过程还是一样的。

这有个初步的清单。

1. 标题
2. 书籍摘要 / 描述
3. 购买选项和可选版式
4. 勘误表
5. 出版商信息

不是为了建立而建立详尽无遗的内容清单，仅仅是为了枚举你准备实现的页面数量。每做一个页面的模型，你都得做一遍，而这个例子包含了整个网站，刚好可以一箭双雕。

既然内容清单仅仅是个列表，你就可以用任何格式写：纯文本、表单、脑图或者任何你习惯的方式。然后给每个项目加一点描述信息，就像传统的内容清单那样。注意在下面的例子中，描述信息是与这个特定的网站相关的，所以不能复用到每个图书网站。

1. 标题

书的标题不是 logo，书的封面可以用特殊字体，但标题和内容应该在印刷排版上一致对待。

2. 书籍摘要 / 描述

这里应该放一张书的图片，也可以来一张图表。

3. 购买选项和可选版式

你需要从出版商那里获取更多相关信息。可以从同一出版商的其他书籍网站借鉴基本的格式，这样也有些讨论和提升的空间（见“鼓动性的讨论”）。

4. 勘误表

显然，这里会因为书中无误空着。好吧，但也许呢?

5. 出版商信息

这里可以包括联系方式，但这部分是否可以变成清单中单独的元素？那是另一个问题，需要和出版商讨论了。

想像一下你和项目编辑讨论了我们的小清单，并且得到了反馈。首先，他说应该包含作者信息，例如简短生平和照片。他也同意单页的想法，以及购买选项可选版式应该与出版商的其他书籍一致，除了价格，你可以作为变量保留。但是，他提到了一点，既然书中讨论了大量软件，包含许多代码样例，页面上应该包含这些软件的链接和必要的代码。另外，不再需要出版商信息了，因为它已经包含在书籍描述部分。

这些都是很有价值的信息，你需要把它们加入内容清单。

1. 标题

书的标题不是 logo，书的封面可以用特殊字体，但标题和内容应该在印刷排版上一致对待。

2. 书籍摘要 / 描述

这里应该放一张书的图片，也可以来一张图表。它还要展示出版商信息，包括 ISBN、页数，等等。

3. 购买选项和可选版式

这本书至少会出一份电子版和一份平装纸质版。按钮和链接会把读者带向网站中可购买本书的页面（无论是在出版商的网站还是在亚马逊之类的网站）。同时我们会提供一份样章供下载。

4. 资源

这包含了书中分类的，甚至是备注过的资源链接。资源可以是文章、书籍等。提供必要的范例代码下载、demo 链接。

5. 勘误表

勘误表会在每次再版或者重印时发布，保持内容与最新版本一致。

这些细节目前已经足够了。虽然基于真实内容的设计很重要，但也要记住你在做设计稿，不是网站，所以最微小的细节可以后续完成。没有精确的公式可以决定目前这个阶段必须包含哪些。但普遍的原则是，如果你发现自己卡在内容里没有得到解答的问题上，那你需要补充这些问题的答案。但是如果你沉迷在那些对整体设计影响不大的细节里，那你就该适当删减内容清单，或者把细节另外记录了。

下一节里，我们会开始利用内容清单的帮助，建立响应式线框。

鼓动性的讨论

有时候，对于设计稿中需要哪些组件，你只有一个模糊的想法。这可能是因为你没有了解足够的客户信息，也可能因为烦人的项目进度要求你在内容最终就绪之前完成设计。也有可能是，内容已经确定了，但是你对其中最重要的部分心存疑虑。你可以随便做些文本排版（这些排版也会有用），但这样很可能导致设计稿与最终结果显著的区别。你得知道足够多的内容，才能做设计。如果你了解得不够多，可以尝试补充，或者从其他源头借鉴一些。我并不是在教你直接从其他网站抄袭内容，我指的是使用他们的基础结构。比如说，在本书网站上，我记下了我不知道“购买选项和可选版式”部分应该放那些信息。看完类似网站后，你就会对可能的元素和结构有个概念。在把这些参考方案放入清单时，你完成了两件事。

1. 明确了你没有足够信息。
2. 开始了一场讨论。

如果客户（在本例中是出版商）看见这个内容清单，他会提供你所需的信息。如果这个信息是无效的，那你需要与客户沟通，看是否需要对这些有疑问的内容进行改动。

如果你的项目中有内容策划，他可能会帮你从客户那里获取所需信息。永远尽量获取更多真实的内容或者信息，它会帮你更适当更高效地做设计，并且长久来看可以帮你节省时间。

2.6 试试看

看完这章后，你可能会觉得，在自己公司或者团队里实践这个方法有些困难。例如，作为视觉设计师的你，拿到的已经是交互设计师输出的线框图。你“不应该”考虑或质疑内容，因为内容早已为你准备好了。这会最终让你退化成一个“根据编号涂颜色”的装饰者，你会怎么做？如果你愿意尝试新方法，去建立一个内容清单吧，即使“不应该”由你做。这是个很好的练习，可以让你洞察到内容里的漏洞，反馈给团队。最理想的情况是，内容策划、交互设计师、视觉设计师甚至前端工程师都应该参与到建立内容清单的过程中。这本书中重复出现的主题就是，我们不能再孤立地工作了。开发网站不是在流水线上装配汽车，我们应该认识到各种工作的边界是有交叠的，并且以开放包容的心态面对，协同工作。任何让团队在这个方向上前进的举措都是好的。

基础的内容清单相对比较容易制作。很快要开始迭代，就像头脑风暴后的点子列表一样。每个人都从他的专长角度出发思考，第一版的迭代很可能比你想的好。在理想的情况下，内容策略制定者应该参与到每一个设计或者修改过程，保持与客户的沟通以保证所需的信息。

只为后续会被实现为设计稿的页面建立内容清单，如果你会为某个页面做 PS 设计稿，那么可以考虑为它做一个简历内容清单。

你现在就可以尝试，如果你是视觉设计师，想想你可能设计的页面并按照这节的内容建立一个简单的内容清单试试。

如果你是工程师并且刚拿到最近某个项目的设计稿，仔细看看，思考下它是否有意义，看看你能否为逆向工程做出内容清单。如果你是个设计师，看看你能否用给你的线框图做出一样的设计。试着辨识出主要的页面内容组件并分析这样的线框图和设计哪里把握得好，哪里不好。

如果你是个交互设计师，你应该建立内容清单，为每个组件添加交互说明，描述交互动作和为视觉设计师和工程师们考虑的其他潜在可能性。把那错综复杂的线框图丢在家里吧，它们太过时了，现在老线框图又回来了。

第3章

内容参考线框图

在早期的网页设计中，线框图（或者叫示意图）只是简单的一些框，来表示页面上组件应该怎么摆放。线框图是设计稿的上游环节，通过快速对产品设计进行填充内容，来让我们对网站的主要结构有所认识。而现在的线框图却过分注重细节，他们一般都包含了真正的内容。有些看起来已经是基本完成了的网站，只是少了颜色、图片和字体。布局已经完成，放什么内容，怎么摆放都已经决定。

在我看来，现在的线框图很奇怪，并且限制性太强（见图 3.1）。创建线框图的人（大部分情况下是交互设计师）已经做了大部分的视觉设计的工作。视觉设计师拿到这些交互图的时候，经常会被告知交互图并不代表最终的设计。但是客户可不这么想。曾经有一个客户问我是不是不了解这个项目，因为我设计的样子跟几个月前他看到的线框图不一样。最后，他要求我使用最初的线框图作为基础框架。这种令人沮丧的事情发生了好几次，我再也不相信“这不是最终设计”这种声明会管用了。它并不代表最终的设计，但是很有可能客户真的非常喜欢它。如果线框图代表了设计，那它就是设计，而不是线框图。如果它不代表设计，那我们为什么还加入那么多细节?

线框图的真正问题不是你是否声明“这不代表最终设计”，而是客户总会看见它。如果线框图只用于团队沟通，那么想怎样声明都行。但是就我之前提到的经验，当你把它展示给一个客户，就是在展示一个设计。客户会根据他看到的而有所期待。但有的时候，我也会遇到截然相反的情况：不止一次客户和交互设计师否定了我的设计，因为它看起来太像线框图。这让我如何是好? 假如交互设计师确实已经提出了最好的方案呢? 设计稿太像线框图会被挑战，而设计稿不像线框图同样会被挑战，这真是糟糕!

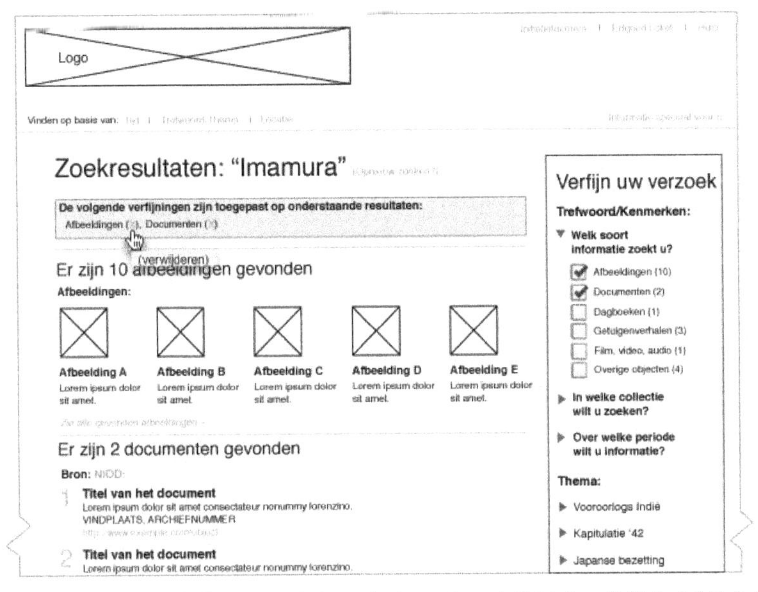

图 3.1 有一些线框图看起来像已经完成了的页面，这让设计师的工作简化为“填色练习”。

3.1 别把线框图复杂化

我猜，细节线框图是为了应对客户总在设计到了视觉设计阶段再大改需求而诞生的。这也合乎逻辑，因为改动视觉设计成本相当之高。

我喜欢把那些老派的线框图称作参考内容的线框图。我之所以喜欢这个名字，是因为它描述了线框图如何处理内容：它们只是引用它，而不是描述它。在响应式的工作流中，每一步都基于同一个思路：第一步包括了简单的内容列表。这个步骤中涉及制作简单的线框图，无非是一些涉及相关细节的内容框。

在本书中，我建议不要把太多责任都推到线框图身上。我们就用它处理可视化内容的位置、确定不同屏幕间的相对重要性的工作。我们把有关于布局与交互的选择放到后面适当的阶段。在本书中规定的工作流中，低保真的线框图最终将演变成可以研究、测试、修订并且得到客户认可的高保真设计。

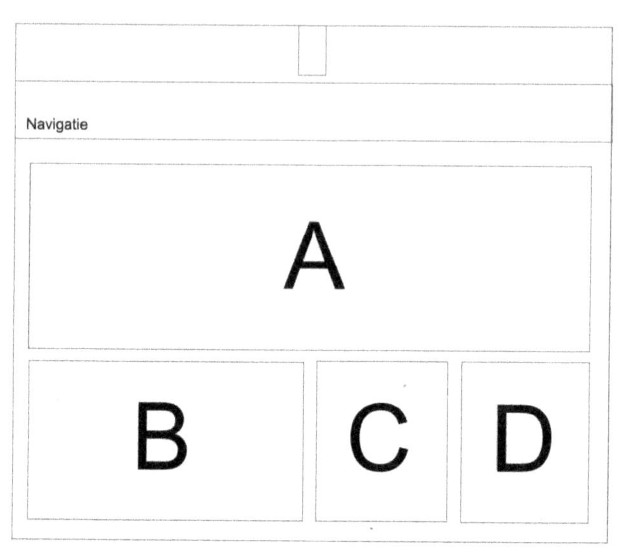

图 3.2 参考内容的线框图是最小化用于参照内容的，而非描述它。

请注意，我对线框图的意见只是基于我个人不喜欢细节线框图，以及我对它们在网络工程中实用性的怀疑。我并不反对交互设计师或其他什么人使用它们。我并不喜欢交互设计本身。不过我认为，所有前端设计的规则与交互设计是相互重叠的，因为大多数前端决定影响网站的交互。很多决定都是在线框图完成并且获批准后才做出的。我也相信研究并修改交互最好是在浏览器中使用实际的设计，而非静态的线框图。这里我指的不是笨重的、可点击的线框图，而是高保真的设计。这在本书中描述的工作流程中是可能的。

3.2 第一步：创建低保真的、基于网络的设计稿

我要求你做的第一件事就是，忘记你用来创建线框图的小应用，文本编辑器除外。我们将用文本编辑器、HTML、CSS 和浏览器来创建低保真线框图。别担心，这很简单。

对于本书网站，内容参考的线框图比较好做，不仅是因为内容的单一，而更是因为我们从结构化内容开始。

目前我们只是在为网站布局打草稿，所以用线性布局就好。

3.2.1 创建基础 HTML

刚开始，你需要一个基本的 HTML 文档。我假设你对 HTML 有一些了解，并且可以把我的样例活学活用，变成自己的模板。如果你没有 HTML 经验，可能需要复制下面的代码，或者手打更好。打开你的文档编辑器，创建一个基本的模板 HTML 文档，就像下面这个。

```
<!DOCTYPE html>
<html lang="en">
    <head>
        <meta charset="utf-8">

        <title>Responsive Design Workflow</title>

    </head>
    <body>

    </body>
</html>
```

接下来，看看你的内容清单并对内容优先级排序。假设浏览屏幕很窄小，用户不得不用线性方式查看内容（这种情况非常常见）。哪些内容最重要，一定要放在顶部？那些内容不那么重要，可以往后放？

另一种思考方式是：想象你的任务是把这些内容变成印刷品，比如说一本书。你的内容清单需要分模块。很多模块需要标题，其中可能有些还有子模块，子模块也有自己的标题。你如何把这些内容排序？哪些放最前面，哪些放最后？

让我们再看看本书网站的内容清单。

1. 标题
2. 提纲 / 描述
3. 购买选项和规格
4. 资源
5. 勘误表

这很简单，看起来符合逻辑，顺序也是按重要程度排列。我们继续往下看。

上文提到要协同工作。线性顺序内容是需要由所有相关人员参与讨论的，包括视觉设计师、内容策划、交互设计师和客户，都应有思考和价值输入。

下一步需要在 HTML 文档里创建容器元素，按刚才决定好的顺序展示清单中的内容。在本书网站中，我们把这些元素放在 body 里。

```
<body>
    <div id="page">
        <section id="book-title"></section>
        <section id="synopsis"></section>
        <section id="purchase"></section>
        <section id="resources"></section>
        <section id="errata"></section>
    </div>
</body>
```

id 属性是可选的，但当你的线框图进化成一个更细化的设计时，它可以让你更轻松地读懂自己的代码。id 属性标识出了代码中的各个元素，所以虽然是可选，但完全有必要。

如果使用像 OmniGraffle 或者 Photoshop 这样的软件，你完全可以不需要任何 HTML。所以除了一些 HTML 代码在语义上可以发挥些微作用之外，线框图代码的重要性体现在，你可以把它作为后续产品的基础。如果你是这么打算的，还是沿袭你正常的编码习惯，只要这样是有益的。

如果你保存 HTML 文档并在浏览器里打开，你什么也看不到，因为我们还没有添加任何文本内容。现在我们给这些模块加上标题并编号，这样可以让我们更好地查看页面，并且看线框图中的各个模块与内容清单如何对应。

```
<body>
    <div id="page">
        <section id="book-title">
        →<h1>1. Book title</h1></section>
        <section id="synopsis">
        →<h1>2. Synopsis/description</h1></section>
        <section id="purchase">
        →<h1>3. Purchase options and formats</h1></section>
        <section id="resources">
        →<h1>4. Resources</h1></section>
        <section id="errata">
        →<h1>5. Errata</h1></section>
    </div>
</body>
```

现在再看文档，你会发现内容清单以 HTML 头部的形式展示在页面（见图 3.3）。

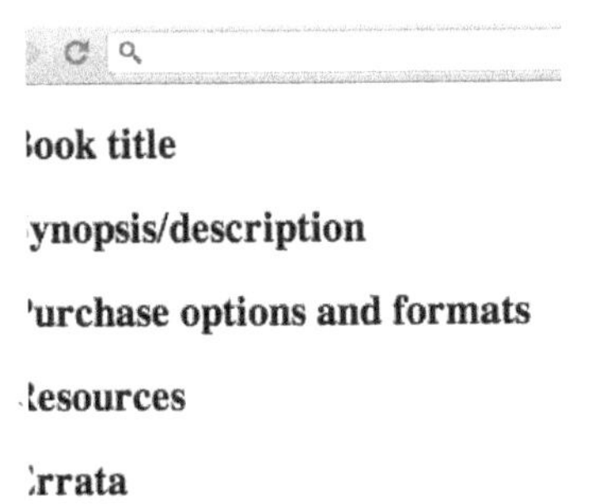

图 3.3 每个模块的标题依次渲染在浏览器中。

接下来，我们需要给线框图添加一些样式。为了更清爽，我们给 body 元素添加特殊的类属性，等线框图成为设计后再去除。

```
<body class="wireframe">
```

这可以确保你给线框图写的 CSS 规则不会应用到设计里。

3.2.2 形成基本样式

创建一个基本 CSS，无论视口宽度如何，这个样式总是需要加载。命名为 base.css 并放在 HTML 文档同一目录下，或者放在“style”、“CSS”之类的子文件夹。如果你是开发者，沿用你自己的命名习惯就好，但要注意，这里的例子假定了在 HTML 文档所在目录下有个“style”文件夹。

在文本编辑器里打开 base.css，给 body 一个背景色。

```
body {
    background-color: white;
    font-family: sans-serif;
}
```

然后，给线框图的各个模块加点样式。这些样式纯粹为了线框图，主要用来决定区块如何展示。你可以选定边框（borders）、背景（background）或二者的结合，记得保持简洁。这有个例子（见图 3.4），但你也可以自由发挥。

```
.wireframe section {
    background-color: whitesmoke;
    border: 1px solid gainsboro;
}
```

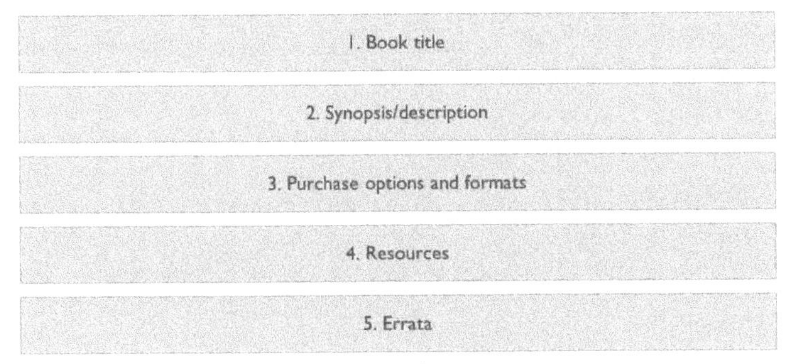

图 3.4 应用了线框样式的模块标题。

在这我用了 CSS 颜色名，你当然也可以用任何你喜欢的颜色。当且仅当 body 元素里有线框图这一类时，这些样式才会被应用在各个模块上，而且仅仅是线框图阶段才会出现。这就是为什么我们要设定字体的原因：在线框图进化为完整设计设计时，确保线框样式和新添加的样式不冲突。

将样式表与 HTML 文档关联，就可以在浏览器中查看文档的样子。

```
<head>
    <meta charset="utf-8">

    <title>Responsive Design Workflow</title>
    <link rel="stylesheet" href="styles/base.css"
    →media="screen">

</head>
```

现在在浏览器中打开文件。我们就快搞定了，但还需要一些微调。这些标题看起来很大、很暗，而且还是左对齐。我觉得把文字居中可能更易读，尤其是一扫而过式的。这里稍微做些修改：

```
.wireframe section {
    background-color: whitesmoke;
    border: 1px solid gainsboro;
    font: small sans-serif;
    text-align: center;
    color: silver;
}
.wireframe h1 {
    font-weight: 100;
}
```

我使用 small 作为字体大小而非具体单位（比如 px 或者 em）的原因是，在这里我仅仅想要文本显示的小些，small 这样的关键词可以不假思索地使用。这种线框图的关键在于，越快越好，细节还并不重要。

接下来，加上页边边距（margin），并且去除 body 里默认的内边距（padding）和页边距。

```
.wireframe {
    margin: 0;
    padding: 0;
}
.wireframe section {
    margin: 1em;
    background-color: whitesmoke;
    border: 1px solid gainsboro;
    font: small sans-serif;
    text-align: center;

    color: silver;
}
.wireframe h1 {
    font-weight: 100;
}
```

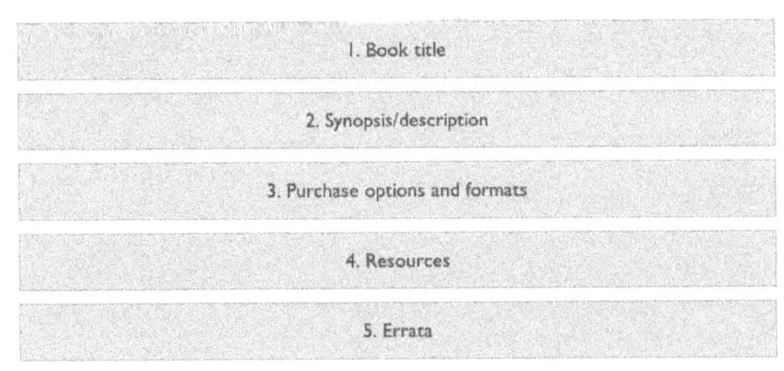

图 3.5 完成了线框样式的模块标题。

这样看起来还不错（见图 3.5）。根据你自己的代码，你可能需要添加或者去除某些样式，比如说如果你选择不用边框，可以给各个模块添加衬垫。

整个简历线框图基本文档的过程仅需要几分钟。完成过一次之后，你可以在每个项目的建立阶段用同样的方法，几乎立刻就可以跑起来。

请注意，这些是我一步一步的教的，非常基础的 CSS，即使是新人也很容易上手。现在你有了一个线性的、宽度可调节的线框图，并且可以在浏览器甚至移动设备上打开展示。

3.2.3 移动优先版线框图

如果可以的话，要么把你的文件放在 Web 服务器上，用智能手机打开浏览器，要么用手机模拟器打开。如果条件允许，尽量用真实的移动设备测试网页文件（对，即使是线框图）。如果以上你都做不到，可以把浏览器窗口调小点，但这是个不怎么样的替代方案。

你会看到你的线框图：一个按固定顺序排列的内容列表，页面上每个区块展示了一个内容模块。各个区块的高度是由区块内标题的尺寸所决定，这很不现实。

聚焦回线框图线性的外观上，包括在手机端，尝试粗略评估你希望各个模块有多长。评估的准确与否并不重要，因为我们明白默认高度并不合适，所以只需要做很粗略的评估，并在各个模块加上对应的样式来体现。我们会用 ID 来定位具体的模块，并继续在 wireframe 命名空间内优化线框图类名来避免冲突。

```
.wireframe #book-title { height: 5em; }
.wireframe #synopsis { height: 30em; }
.wireframe #purchase { height: 20em; }
.wireframe #resources { height: 50em; }
.wireframe #errata { height: 40em; }
```

有一种办法可以互动地调整这些值，用浏览器的开发者工具在浏览器里调整 CSS，等你感觉高度差不多了，把这时的值写进 CSS 即可。

再回来看看这时的浏览器。高度的数值可能相差甚远，但感觉起来更真实，因为各个模块占空间最多的部分是内容而非标题，而内容本来就具备很大差异性。我们发现又回到了内容上，你在问关于内容的问题，思考内容对形式的影响。如果你在设计一个 Web 应用（与信息类网站对应，比如本书的范例网站），你会思考 UI 元素的相对尺寸和你能在屏幕上放多少内容的问题。也许，你会由此发现滚动窗口或者分屏都是可选的设计方案。

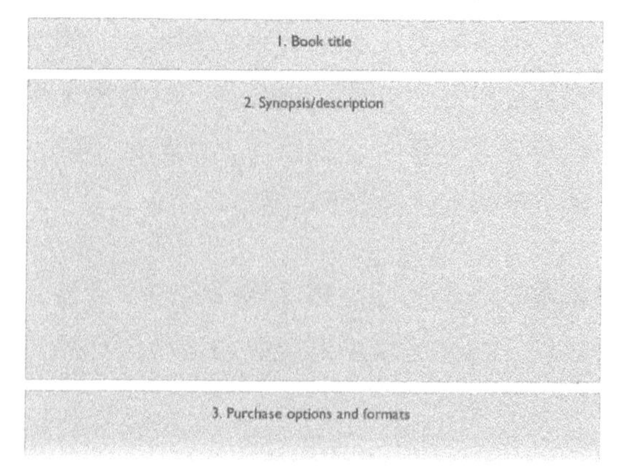

图 3.6　估计各个内容模块的高度，让你快速看到添加实际内容后大概是什么样。

实际上，在这最初的几个变化后，你可能已经意识到我们现有线框图的第一个问题：线性格式下，想看到底部部分必须一直滚动到底（比如购书网站），因为我们忘记加导航啦！

3.2.4 添加导航

小屏幕上的导航很有挑战，因为有很多情况要考虑。如果我们仅仅简单在页头标题或者 logo 下添加导航，可能会占用过多垂直空间导致首屏除了菜单没有空间展示更多内容。有些开发者通过 JavaScript 收缩菜单项来解决问题，但它需要支持 JavaScript 的环境。我更偏爱的方法是在页面底部添加导航，然后在页头放置菜单的链接或者按钮，让用户点击后跳去底部菜单。这在支持 JavaScript 的环境下可以提升用户体验：导航放到顶部并收缩，等用户点击或者触摸菜单链接，才下到底部菜单展示菜单项。

在这个阶段考虑导航貌似和保持简洁的原则冲突，但其实很有用处。你可以看到在响应式设计的线框图中，导航如何随着不同屏幕宽度而变。

导航包含了交互动作，这是很好的契机，交互设计师、视觉设计师和前端开发者可以一起思考不同设计方案优劣。这对于把方案决策的过程给客户同步也有帮助。在把完整的线框图展示给客户时，刚好可以说明和演示这些思考。这是在设计过程的早期。

让我们来实现底部导航范式。如果我们决定后续使用其他的导航模型，也可以快速更改，只需要很快地改动 CSS。

首先，我们在内容模块后添加一个导航模块。

```
<nav>
    <h1 id="nav">Navigation links</h1>
</nav>
```

然后为导航添加链接。我们把它添加到模块以外，在 page 所对应的 div 根目录下。

```
<div id="page">
    <a href="#nav" class="menu">Menu</a>
    ...
</div>
```

我们也给导航加上与内容模块相同的样式。

```
.wireframe section,
.wireframe nav,
.wireframe .menu {
    background-color: whitesmoke;
    border: 1px solid gainsboro;
    font: small sans-serif;
    text-align: center;
    color: gray;
    margin: 1em;
}
```

然后添加规则，把菜单链接放到页面的右上角。

```
.wireframe .menu {
    position: absolute;
    top: 0;
    right: 0;
    background-color: gainsboro;
    padding: 0.5em;
}
```

现在在线性线框图的基础上，右上角有了链接。点击后会跳转至底部的导航模块（见图 3.7）。我们可以给导航模块一个高度值。

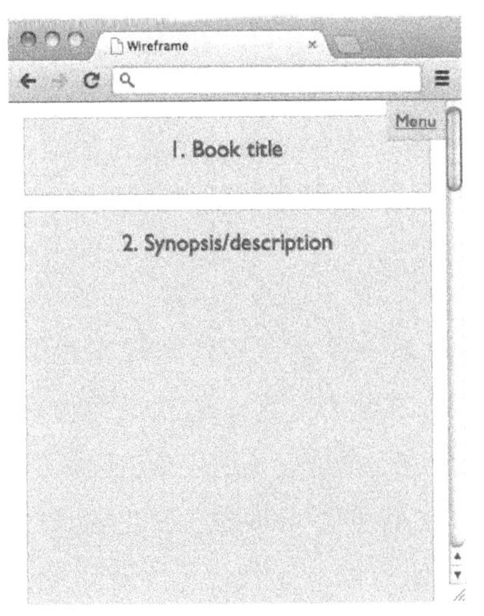

图 3.7　在小屏幕上，顶部链接跳至底部导航很常见。

```
.wireframe nav { height: 10em; }
```

又一次，我们在猜测。尽管小屏幕可以有更丰富的布局样式，但尽量不要考虑跳过线性布局，因为那对于用户来说是默认的样式。线性线框图之外，还有更有趣的东西。尽管它的确促使我们考虑线性内容顺序和导航，但我们没有仔细思考布局，而在大屏幕上一般都需要更多的思考。更有趣的东西来了：我们要开始为大屏幕做线框图了。

3.2.5　为大尺寸屏幕创造变量

我们制作的本书的示例站点希望能在大多数智能手机和平板电脑，以及桌面电脑环境上都能很好地适应。现在我们还不需要考虑具体的细节，只需要关注大的布局方面的问题，细节方面我们会在后面的流程中逐步打磨优化。

我们不会去查各种设备的尺寸。你可能会觉得奇怪，但是我们的做法是让内容来决定布局在什么时候需要改变，而不是设备。最终，按照我们的流程一步步来，最终的断点——也就是布局在某个宽度上需要做出改变——会变得清晰（关于这个话题，我们会在第 6 章“断点图”中详细说明）。现阶段我们只需要做一些简单的估算，然后在各种设备中检查我们的线框图，做一些调整就可以了。这不需要非常精确。有时候，好的设计就是感觉对了。

线性的布局对于小屏幕来讲是很合适的，现在我们的目标是平板电脑。平板电脑屏幕有多大？这可不一定。这就是为什么 Ethan Marcotte 强调流式布局和响应式设计的重要性：不用关注设备的精确宽度。设备的宽度总会归属于某个区间，而且区间总是在变化的。所以当我提到智能手机、平板电脑和桌面浏览器的时候，这都并不绝对。设计师 Bryan Rieger 建议我们考虑使用设备类别，而不是指某个设备。这就是为什么在这本书里面我们不会提到针对 iPhone 或者某个 Android 设备来做适配，我们是对一类设备来做适配。当针对某一类设备来做适配的时候，我们希望站点或者 App 可以对绝大多数上网设备都可用，无论用户使用什么设备或者操作系统。

跟移动设备打交道时，我们需要考虑两种视口：视觉视口和布局视口。视觉视口是指设备的屏幕，布局视口是页面在设备上渲染的宽度。对于响应式设计，我们在意的是小型设备上的屏幕宽度，以及设备上的浏览器的窗口。我们需要告诉浏览器，当我们说“min-width”的时候，页面的渲染“width”（宽度）应该跟设备的宽度是一致的。只需要加上一个 meta 标签就可以达到这个效果（你可以把这个标签嵌套在 title 标签内部）：

```
<meta name="viewport"
→content"width=device-width,initial-scale=1.0">
```

这句代码做了两件事。第一是把页面的宽度设置为屏幕或者窗口的宽度，第二是把页面默认缩放设置为 100%，而且如果用户希望的话，他还是可以自由缩放页面。

所以接下来我们要做的就是为“平板类”设备创建一个单独的样式表，我们会在设备宽度达到一定数值时调用这个样式，然后覆盖一些样式。你可以尝试拓宽你的浏览器宽度，直到你感觉布局也许需要一点改变了（在这里我们仍然需要做一些猜测，因为我们还没有真正的内容）。我们不妨把这个宽度设定为 600 像素。这就是我们的一个断点。有些平板电脑可能比 600 像素更大，对于那种设备我们提供“桌面类”的样式也许更合适一些。这就是针对设备类别来编码的好处：我们不关心设备究竟是什么。

创建一个新的样式表 medium.css，然后把它链接到 HTML 文件中。

```
<link rel="stylesheet" href="styles/medium.css"
→media="only screen and (min-width: 600px)">
```

把这个链接放在第一个 CSS 文件的下面，这样我们就可以利用 CSS 的层叠特性。

很明显，我们有一个马上就可以改变的地方——导航。在 600 像素宽的时候，我们不需要把所有链接都放在页面底部。所以我们将要腾出一些空间并且把导航放在顶部。要达到这样的效果，只需要加几条规则就可以了。只要我们的新样式表生效，这些规则将会覆盖已有的规则。我们还会隐藏之前的导航按钮。

```
.wireframe #page {
    padding-top: 3.5em;
}
.wireframe .menu {
    display: none;
}
.wireframe nav {
    position: absolute;
    top: 0;
    width: 100%;
    height: auto;
    margin: 0;
    border: none;
}
```

现在，如果你在一个现代桌面浏览器中打开页面，并且缩小浏览器窗口的宽度，你会看见右上角的导航按钮。然后随着你扩大浏览器窗口的宽度，达到 600 像素的时候，你会看见按钮消失了，而导航模块出现了。你可以在各种设备中测试这个页面，如果有必要的话，修改一下媒体查询的参数。

我的建议是，对于 600 像素宽的设备，不需要修改其他布局方面的内容了，比如，把某栏的内容改成两栏。但是对于 900 像素，我们会做出更多的修改。

接下来，我们会再创造一个样式，用于处理桌面样式，然后把它加入到 HTML 文件中。

```
<link rel="stylesheet" href="css/base.css" media="screen">
<link rel="stylesheet" href="css/medium.css"
→media="only screen and (min-width: 600px)">
<link rel="stylesheet" href="css/large.css"
→media="only screen and (min-width: 900px)">
```

第三个样式文件会在视口宽度达到 900 像素或者更多的时候加载。大概在这个断点，我们需要做更多的布局修改。首先，当我们处理真正的内容的时候，需要调节文本栏的宽度来提高可读性；这需要我们持续测试和调整。但是，由于还没有加入任何实际的内容，我们还是专注布局的改变吧。我想我会需要把书的描述和购买选项放在一起。在 large.css 里可以快速做出修改。

```
.wireframe section {
    margin: 1em 0;
}
.wireframe #page {
    position: relative;
    width: 80%;
    margin: 0 auto;
}
.wireframe #synopsis {
    float: left;
    width: 58%;
    margin-top: 0;
}
.wireframe #purchase {
    float: right;
    width: 40%;
    height: 30em;
    margin-top: 0;
}

.wireframe #purchase+section {
    clear: both;
}
```

如果这些代码对你来说很直观，那就再好不过了。但是对于那些不熟悉 CSS 的读者，我来快速解释一下。

- 我们移除了每个模块的边距，因为设置了页面内容为 80% 宽，这相当于把边距移到了页面的周围。
- #page 设置了相对定位，这样就等于为导航模块创建了一个定位上下文。
- 大纲模块和购买模块设置了左浮动和右浮动，对应的高度和边距都做了一些调整。
- 购买模块 #purchase 清除了浮动。这里我用了一个 CSS 小技巧：使用相邻兄弟选择器（符号是 +），所以这个样式会应用在这个模块后面紧跟的任何模块上。这样，如果想要替换资源和勘误表，都不用修改代码。

我们的成果正如图 3.8 所示。你可以先在桌面浏览器中测试这个布局，只需要缩放窗口宽度即可。如果它生效了，你可以在其他设备中继续测试它。

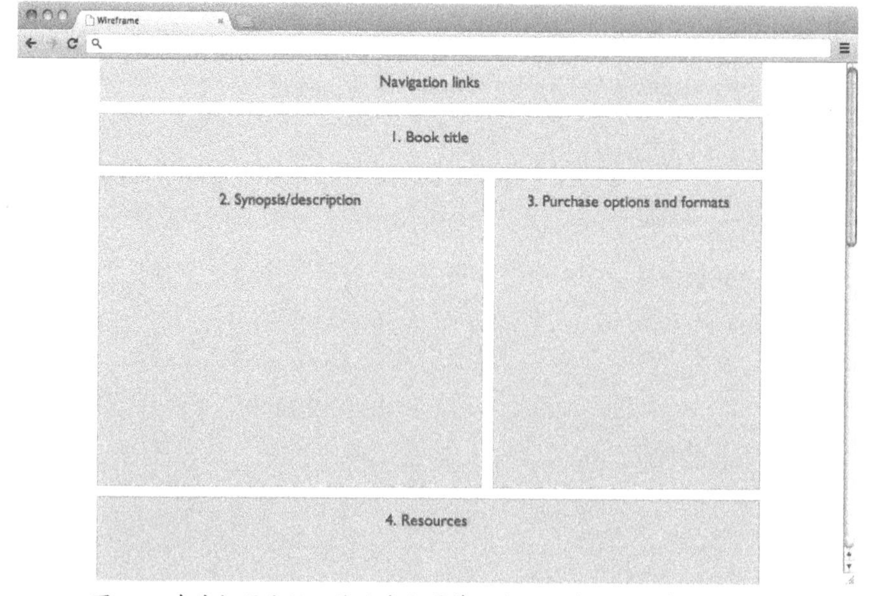

图 3.8 在线框图阶段，修改多个屏幕尺寸下的布局是非常简单的。

3.3 打破神话

我们正在打破一些戒律。

- 交互设计师应该画线框图。
- 线框图应该包括内容的细节。

这里仍有一些问题。

- 对线框图的这种想法是否限制了设计的选择?
- 对布局的考虑是不是有些过早了?
- 我应该做什么样的线框图?
- 我应何时让客户参与?（或者说“我的漂亮的交付品在哪儿?”）

我们一起来看看这些问题，以消除你的疑虑。

3.3.1 交互设计师应该做线框图

我来解释这个问题。首先，交互设计师的角色是至关重要的，他不需要交付特定的成果，也不应局限于此。相反，好的交互设计师应该参与所有的交付物。由于大多数的决定都会影响交互，交互设计师应当参与整个设计流程。由于线框图只是关于内容布局的粗糙探索，其中包括设计（布局）、内容策略与交互，略微涉及专业的前端开发。所有的这些规则能够、也应该在流程中涉及。你不得不在团队中寻找谁能最好地写出实际代码。正如你看到的 HTML 的例子，线框图应该用任何设计师都能不费吹灰之力就写出的基本代码创建。关于内容和其他问题的思考才需要时间和讨论，这些才是最重要的部分。一旦这些搞定了，线框图很快就能画出来。没什么主意是从石头里蹦出来的。

这个过程的具体操作办法取决于你的团队。你可能会在会议上画个草图，拿给前端开发人员去实现基于此的线框图。我建议，综合考虑多个规则，一口气创建出线框图——要快。

记住，如果出现了新的内容和想法，你可以快速迭代。不要再将线框图看做是精致打磨后拿给客户的交付物。要把它看成是思考的工具，而不是结果。

3.3.2 线框图应该详细

并非如此。详细的线框图包括太多设计选择，而这些选择是独立于其他重要的设计选择做出的。它们引入了如此多的因素，以至于和客户关于此的讨论潜在上升到了设计、内容、排版（这确实发生过）及一切显而易见的因素，即便如此还剩有不少留供猜测。我曾经和一个客户团队的成员发散到线框图文本中的一小部分——一个句子的细节讨论。这是绝对毫无意义的。这意味着塞给你的客户过多的信息，让他们去做一些必须依靠其他后续完成的设计与实际内容才能做出的决策。这对你的客户是完全不公平的，并且会导致在后续阶段，大家可以看到事态发展、可以做出决策的时候又得作出修改。这只是雏形！

3.3.3 内容参考线框图是否限制了设计选择?

完全不会。本章讨论的这类线框图只给出了一些指示性的东西，比如布局和导航。但实际上它关乎内容的顺序和优先级。它并不提供什么东西，仅仅给出一个可以很容易创建的表单。由于内容参考线框图这么快就能创建，即使戏剧性的变化也不会对你的项目进度产生影响。它们被看做很快就能跃然纸上的草图。内容参考线框图比起当下流行的细节线框图，对设计的限制要少得多，因为后者只是为了让客户签署通过而设计的（有些还是“可点击”的）。如此详细并很可能已经过客户认可的东西很难偏离。

所以，是否会有限制？并非如此。

3.3.4 现在就考虑布局是不是有点太早了？

和什么相比太早呢？在这个过程中我们并不提供明确的布局选择。这只是个草图。我们开始考虑类似布局这类的东西。这种不拘泥于细节的思维方式可能比较适合想做出介于缩略图和草图之间的平面设计师使用。当然，像许多设计师一样，我在纸上画草图，这是一种办法，作为将草图转化为浏览器上线框图的开始。

在做线框图的过程中，一些有价值的想法会使自己变得更加明显。最重要的是，这种线框图可以激发你思考你内容的形式，无论是具体的还是抽象层面的。

3.3.5 我应该做什么样的线框图？

你可以完全自由地按照你的想法来绘制线框。我只能告诉你我是怎么做的：我根据不同的页面类型做线框图。网站是一个系统，而非一些单独设计页面的集合。大多数网站的页面类型都是有限的，它们是相互关联的。当内容、目标和功能的差别大到用户界面或布局必须有明显变化时，才算是一个新的页面类型。你可以想象一个注册页面与产品展示页面，这是两种不同的页面类型。如果我们看到一系列页面类型和组件（或模块）的解剖结构，这就是关于页面类型的线框图。大多数的网站或 App 不需要有很多的页面，即使是很大的网站。人们最常用的网页才是最重要的网页。这些是 Web App 中最常用的单屏和网站中最常见的内容页。当然，你会想做一个主页的线框图，因为这是另一种页面类型。

在内容参考线框图中，为任何无关于不同页面类型的东西做线框图都是无意义的。如果你想展示同一类型的更多页面，可以在实际创建模型时再说。在本书的稍后部分，你可以看到线框图将会进化成成熟的模型。

设计这种工作流程旨在优化设计的过程，可以使其更加快速、简单，因为去掉了许多不必要的步骤。牢记 80/20 原则：80% 的结果是由 20% 的努力带来的。做的事情越少越好，不要有负罪感。

3.3.6 我应何时让客户参与（或者说“我的漂亮的交付品在哪儿？”）

这里没有漂亮的交付成果。然而，你应该一开始就考虑让你的客户参与进整个工作流程的每一步。你并非需要让他们评审每个线框图。这些并非是真正的交付物。轻松随意地询问客户的意见，用不同设备来展示线框图，并将它们作为一种工具向用户展示网络，以及响应式网络设计是如何运作的。内容参考线框图将会让你的客户更多地思考内容，就如同他们会让你更多思考关于有关内容的东西一样。

内容参考线框图是累积与迭代涉及流程的第二步。每个步骤的迭代都相对小，也不痛苦；每步都基于上一步构建；每个步骤都可更进一步窥见最终的设计。

3.4 动手试试

你可能已经（理应已经！）自己过了一遍我们构建的、贯穿本章的例子。这是故意设计的一个简单的例子，用以解释我如何构建内容参考线框图的流程。一如往昔，你的任务是让这些思路为你服务，并且自己也能实操。你自己的内容可能与书中网站不同，所以你应该已经构建了更多的页面类型与线框图。

对内容规模的估计你应该也会与我不同。你可能会以不同的方式估计断点。你的许多做法会和书中不同，这没关系。

重要的是将这些线框图看作是浏览器中快速、盒装的草图。试着为你最近手头的项目做一些线框图玩玩。我肯定你会觉得这很轻松愉快。在下一章中，我们将会拿一些实际的内容，将它们转化为线框图。准备好迎接下一个轻松愉快的步骤吧！

第 4 章

基于文本而设计

世界第一个网页就是兼容移动设备的。虽然那个时代还没有平板和智能手机。原因很简单：该网页包含的是纯文本。更确切地说，这个网页包含的是带超链接的结构化文本。Web 就是由此起源的，结构化的文本作为 Web 的基石也一直沿用至今（见图 4.1）。

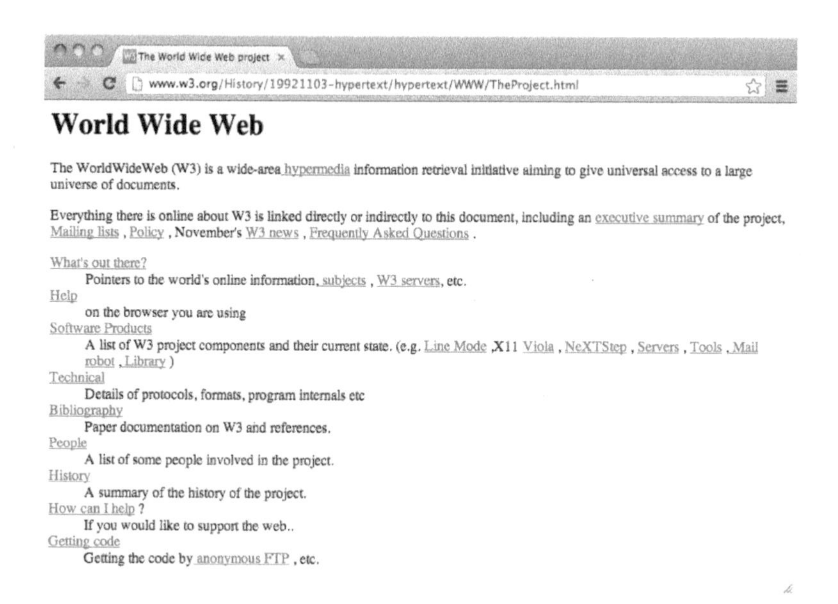

图 4.1 世界上首个网页就是兼容移动设备的。

如今我们已经为 Web 添加了更多的基础模块，主要是（结构化的）纯文本、超链接和图片。我们也可以运用 JavaScript 和 SVG 等技术在屏幕上绘制图像，甚至是允许用户自行去绘制。很多开发者主张将 Web 分为应用程序和文档。以信息为主的网站比如 W3C 的首个网页或者个人博客等就可以被认为是 Web 文档。

4.1 内容为王

我们其实没必要卷入到应用程序和 Web 文档的激烈之争中。对于我们而言，只要是在 Web 上，那它既是应用程序也是 Web 文档。大部分的网站都是由无数的文档组成同时又以一个应用程序的方式在运行，比如包含了用户操作的内容管理系统。即使网站的目标是内容化，也同样需要用户界面。

同样道理，没有哪个 Web 应用程序不依附内容，仅有不包含任何文本的按钮、空标签的文本域，以及在整页上都找不到任何文字。

网页可用性面临的最大问题就是，很多人习惯在基本网页中包含高级的用户操作，在此基础上再来继续增加网页可用性[1]。大部分的网站将侧重点放在 UI 而不是内容的设计上。

例如 Open Street Maps 或 Google Maps 这样的地图应用程序为例。开发者很容易就能在地图上标识出公司位置。把这些 App 植入网页之后，接下来的重点就是强化界面的可访问性了——确保用户仅输入关键字就能进行导航。这样是完全可行的，但是有个问题：技术复杂性或高级的用户界面并不能在每一个设备上被查看或使用。而只有纯文本可以在任意支持 Web 的设备上查看，或者说是用 HTML 结构化的纯文本。不管你喜欢与否，HTML 都是用来组织页面上的纯文本的，因为 HTML 是目前为止仅有的最为可执行的以及最易读的格式。任何能解析网站的设备都能解析和展示 HTML。

这意味着在设计复杂的交互性网站有了候选的方案去保证它的可用性：在设计之初以文本作为网站的基础，在此基础上再去再去添加复杂的交互。

初一看可能有些奇怪，但是仔细想想，一个地图应用程序不就是由真实数据和文字性内容组成的吗。但这样的数据对用户太过复杂和隐蔽。我们会把数据通过一层抽象层包装将用户需要的信息呈现出来。响应式设计就是从最基础的结构化的内容开始的。这就使得站点或者应用程序能根据用户的环境做出相应的响应而不是将所有的交互都表现出来（也可能是通过抓

1 Web 可用性是指不论用户是否是残障人士对网页的内容和服务的访问程度。不过好的可用性网站也能让普通用户受惠，比如在用户使用较低版本浏览器以及使用糟糕的网络的连接时。

取设备之间的差异性来做出响应）。

要做到这点，就要优先考虑数据，这样才能使得数据能在任何设备上展现出来。在一开始就将数据暴露出来而不是将其淹没在复杂的UI下，将内容作为网站的基石。

那如何仅通过数据就能将公司的地理位置展示出来呢？可以通过数据罗列出公司位置的地址列表或电话号码和网址。依我看，就是不要把数据隐藏在地图里面。如果你需要的是地图，那没问题，但是记得同时把文本化的数据留给用户，而不是将拥有完美的可访问的数据却对某部分用户隐藏。

如果你觉得这很像渐进增强理念，那你说对了，这就是渐进增强。当然也有例外，例外也无处不在。一般来说，大部分Web应用程序本质上是Web表单。大部分网站本质上是结构化的文本。抓住这些核心，我们可以创建更多易于用户访问和使用的网站。

从纯文本开始设计

设计师Bryan Rieger和我一样，都偏爱纯文本。我们几次碰面谈到这个话题，他表达了他自己的观点。

> "我多年以来一直在使用的一个方法就是"以文本为基础"……并不是说所有的内容都用文本的形式表现出来……而是即使在某些情况下只能提供没有样式化的HTML，那什么才是最关键的需要传达的信息呢？"
>
> —Bryan Rieger

Rieger的观点也和本书的内容是相呼应的：在网站的设计过程中先以内容为基础，再以此深入展开。此方式具有以下优势。

- 就如在内容清单和内容参考线框图中最主要的是内容一致，文本设计过程中主要的是文本结构。不相干的内容很容易暴露出来，因为它没有被复杂的设计所掩盖。

- 充分利用了构建 Web 各模块的基础：HTML。
- 线性[2]结构化文本是响应式设计的良好开端：屏幕越小功能越弱（世界上首个网页就是如此！）。
- 熟悉文字处理器的客户，基本上都能理解线性的结构化的内容（虽然需要对一些客户解释一下视觉化格式和结构化格式的区别）。用文字处理器编辑成的文档转化成结构化的纯文本也是相当容易的。

当你创建了一个无任何样式的页面，该页面就具备了兼容移动设备的能力了。从设计的角度出发，移动优先也是非常重要的。将 100% 宽度即通常所说的单列栅格化网格作为网页的宽度，这是响应式设计中非常有效的一点。

内容参考线框图引导我们把内容视为最基础的部分，文本设计则让我们把焦点转到更加细化的内容上面。下面我们看看这些理念是怎么应用在图书网站上的。

4.2 标记纯文本

正如 Rieger 所提到的，仅仅用纯文本是不够的。我们需要把文本和 HTML 结构融入到一起。有一些方法可以做到这一点：用文本编辑器手写 HTML，或者用 WYSIWYG 编辑器。我个人更偏向于使用纯文本标记，虽然也有好几种纯文本处理器，但我最喜欢的还是 Markdown。

纯文本标记语言如 Markdown 可以使得你写出来的文本易于阅读（类似于在纯文本的电子邮件处理程序中编写邮件一样），同时也提供了一些工具将你所编写的内容轻松快速地转化成对应的 HTML。Markdown 用简单的标记来表示相应的格式。例如，哈希符号（#）代表标题一（h1）。被包含

2 此处的线性是指一种文本从上到下排版的顺序，一般情况下都是将重要的信息放在顶部。

在星号之间的文本(*hello*)表示斜体，就像在文字处理器中使用斜体一样。

使用纯文本标记最大的好处在于：如果你的客户或第三方已经创建好了可直接用于设计的内容，那么你就只要拷贝粘贴这些内容到文本编辑器，再用一些简单的标记来修饰一下就好了。比起手动写 HTML 要简单得多。

4.2.1 用 Markdown 来处理图书页面的内容

接下来以图书站点设计中的一小段用于和页面访问者交流的内容为例来示范下如何使用 Markdown。把这段文本（或者你自行创建一段文本）保存到你的项目文件夹下，随意起个文件名。既然这是在首页中呈现的内容，那暂且把它命名为 index.markdown 吧。

```
# Responsive Design Workflow

by Stephen Hay

In our industry, everything changes quickly, usually for
the better. We have more and better tools for creating
websites and applications that work across multiple
platforms. Oddly enough, design workflow hasn't changed
much, and what has changed is often for worse. Through the
years, increasing focus on bloated client deliverables
has hurt both content and design, often reducing these
disciplines to fill-in-the-blank and color-by-numbers
exercises, respectively. Old-school workflow is simply
not effective on our multiplatform web.

Responsive Design Workflow explores:

- A content-based approach to design workflow that's
grounded in our multiplatform reality, not fixed-width
Photoshop comps and overproduced wireframes.
```

```
- How to avoid being surprised by the realities of
multiplatform websites when practicing responsive web
design.
- How to better manage client expectations and development
requirements.
- A practical approach for designing in the browser.
- A method of design documentation that will prove more
useful than static Photoshop comps.

## Purchase the book

Responsive Design Workflow is available in paperback or as
an e-book. The book is available now and can be ordered
through one of the booksellers below.

- [Order from Amazon.com]
- [Order from Peachpit Press]
- [Order from Barnes & Noble]

## Resources

[Lists of resources per chapter?]

## Errata

[Lists of errata per chapter?]
```

这样看来就有趣了。在上一章，我们讨论过，对内容的思考不足会导致一些问题——回想一下之前我“忘了”需要添加导航的例子。虽然将它作为例子可能不太恰当，但是我们都经历过这样的情况，到后面才意识到遗漏或者没想清楚一些东西。

从内容开始一步一步展开，可以暴露并避免这样的问题。这个 Markdown 文档在设计之初就暴露出了我对资源表和勘误表的疏忽。如果有对应章节的资源和勘误表，我会这样加上：

```
## Resources

* [Chapter 1](http://www.example.com/resources/chapter1)
* [Chapter 2](http://www.example.com/resources/chapter2)
* [Chapter 3](http://www.example.com/resources/chapter3)

## Errata

* [Chapter 1](http://www.example.com/errata/chapter1)
* [Chapter 2](http://www.example.com/errata/chapter2)
* [Chapter 3](http://www.example.com/errata/chapter3)
```

虽然这种写法不至于会有重大错误，但是很冗余。为每一章建立一个页面，然后把该章节相关的内容都放到该页面当中，这样做会更加合理。这也意味着在这个节骨眼上，我要改变主意去处理这一过程（客户往往会这样做，你懂的）。

记住一点：在这个过程当中，任何的“变卦”都不仅是“没关系”，甚至还是“好事”。要修改内容或结构，最好是在这个阶段进行。

除了资源表和勘误表，我还需要一个章节列表，每章链接到对应的章页面，而页面包含了资源表和勘误表。同时，章页面刚好是一个合适的位置用以加上示例代码。

4.2.2 这个阶段修改的意义

这个阶段的修改并不是很复杂的体力活，需要我们对以下 3 个产出中的一个或者多个进行编辑：内容清单、内容参考线框图和结构化的文本设计（即 Markdown 文档）。

鉴于当前我们的示例是单页面，所以对其进行修改很简单。而其他的绝大部分网站，不论大小都是由多个用户交互及存储数据组成。工作流程中关注的前三个焦点是：网页类型、用户交互的类型和内容的类型。通过这些步骤能快速地创建个性化的页面，但是对于类似 nytimes.com 这样内容主导的文章页面就要谨慎使用了。

结合各种类型和组件来考虑。不过网页类型也不会太多，所以不必担心。我和客户最有挑战性的一次对话是对客户解释我不会对他们一万多个页面的网站逐个重新设计。而是花一点时间去对内容进行分析，从中挑出 10 到 12 个页面进行设计（加上一堆小组件）。我们设计的是整个系统而不是单独的页面。

当我需要对某个图书页面进行修改的时候，那就意味着该页面的内容及结构是区别于首页的不同类型的页面。这一点很重要。很多书都讲先设计用户界面，大多数情况下，我同意这点，但也不全然如此。用户界面自有它的作用，同时它也需要协同相关的内容。

目标和内容都是用户界面的基础，同时思路也是整个设计流程的一部分。

在修改示例之前，我们先来看看在响应式设计流程中这些修改意味着什么。

1. 我们需要为新的页面创建内容清单并根据需要修改原来的网页。不管是什么流程只要是涉及内容清单都需要进行修改，而不仅仅是本书介绍的流程。

2. 创建新的线框图，并修改原有的线框图。通俗来讲，就是移除原有线框图中的某一个模块再创建一个新的包含一些新模块在内的线框图。啊，好痛苦。

3. 修改 Markdown 文档，并创建一份新的。因为还没有资源表和勘误表，我们还要定义这部分内容的外观，创建可测试的实例并和客户讨论。

这些步骤操作起来都不难。但如果你是平面设计师或视觉设计师，就不这么觉得了。实际上，其他人可以完成这些步骤。但这人必须是参与设计流程的人员，正如我之前提到的，所有阶段的人员都应该参与。对，客户也需要——尤其是客户。迟些时候你会发现其中的好处。

现在和瀑布流设计流程比较一下。传统的设计流程中，没有设计文本这一步。线框图细致复杂，内容清单或有或无，所以如果要修改线框图，问题就产生了。当然，我们可以在 Markdown 文档中进行修改，就像需要修改复杂的线框图一样。但是，最主要的区别在于，如果是基于文本的设计，我们修改的是文本。复杂的线框图包含了文本，但这些文本往往和视觉或其他元素相关联。线框图不一定有颜色，但起码是排过版的，甚至是带有一定布局的。相比而言，纯文本都是同样的字体和文本结构。在 Markdown 中改变不了排版和布局。新页面不需要新的布局是因为还没到那个阶段，所以文本修改起来很容易。

内容参考线框图修改起来确实也很容易。毕竟，它们也就是一些框框而已，不是吗？后面我们会看到内容参考线框图的地位会更重要，但是目前，我们只用区分修改的类型。修改内容就纯粹只修改内容，不改变字体和布局。

这个方法对内容很有帮助。反过来，内容到后面也会帮助我们。因为我们给予了它足够的关注，它会在布局、各种视图和设计等其他方面发挥作用。在设计的最后阶段需要大修大改的情况时有发生，而这个流程能够减少这种大修大改发生的几率——即使一定要修改，也能把它控制到最小。

4.2.3 思考很重要

再次申明一下，图书页面是个很简单的例子。但即使类似简单的如产品或服务的注册页面（或其他的页面或组件），基于文本而设计也能帮你作出更好的抉择。对于内容清单和内容参考线框图，基于文本而设计也能让你及时作出修改，避免留下隐患。

此处我们是通过Markdown来操作文档。实际上重要的不是Markdown工具，而是思考。思考内容和结构（就像前两个步骤中一直提到）。

对我个人而言，这是工作流程中我最喜欢的一个步骤。其魅力不仅在于它的简洁，还在于它的兼容性——即一旦将 Markdown 文档转换为 HTML，它就可以兼容移动设备，并在任何能识别 HTML 的浏览器中加载出来。这点超级给力。

4.3 将纯文本转换为 HTML

几乎每一种纯文本标记语言都能转换成结构化的HTML。实际上，Markdown可能是最复杂的纯文本标记语言之一，因为Markdown版本很多。这些版本通常被称为“调味剂（flavors）”。别问我为什么，应该是对技术的饥渴吧。

原生的 Markdown 并没有和 HTML 元素一一对应。这实际上是个优势：它对应了大部分的常用元素，并允许在需要的时候使用纯 HTML。这样一来，Markdown 并不是一种独立的语言，而是 HTML 的前奏。这意味着如果需要表格，也可以用 HTML 写，并且这完全是合法的 Markdown 文档。

但是，Markdown 对于一些负责该阶段文档的非技术人员（尤其是客户）来说显得有些难了。在开发的过程中，我想过用更加纯粹的文本标记语言，但是我已经对 Markdown 太熟悉了（无论是用于 email 或者其他应用程序），所以不想随意更换别的。幸运的是，正如我说过的，Markdown 有好几种不同的实现方式[3]。

我选择了 Pandoc 的实现方式。Pandoc 支持原始的 Markdown，并且提供了一些超级有用的扩展，比如定义列表、有序列表、表格，等等。Pandoc 支持很多文件格式的转换，这点很了不起，在网页设计流程中起了不小的作用。

这将是这个流程几个实例中第一次需要输入命令行的例子。如果不熟悉命令行，你可以选择 OS X 或 Windows 上的 Cygwin 终端应用程序。如果你用的是 Linux，那就不用多说了。

4.3.1 使用命令行

命令行界面（CLI）是一种简单的和计算机进行交互的方式。它的设计很优雅：在屏幕上有个提示符，通过它你可以指示电脑做什么，然后它会按照你说的做。如果它不懂你的指令，那么它也会给你相应的反馈。

人们会担心 CLI 潜在的劣势：是的，有些指令会删掉你的整个或部分硬盘内容。那你别输这样的指令不就行了。正如在电脑的图形界面中，你不会把所有的文件夹拖进垃圾桶并清空一样。

关于命令行的争议是命令行更加容易犯类似以上的错误。这样说也不无道理。实际上，虽然用命令行容易犯错，但很多事情用命令行更容易实现。指令并不难，虽然有些不好记。但是实践多了自然就能记住了，正如在图形界面你能记住该选择哪个子菜单。

3 有些 Markdown 实现仅仅易于和 HTML 的转换。而有些实现方式既易于转换工具又方便扩展，如添加一些扩展元素如表格等。

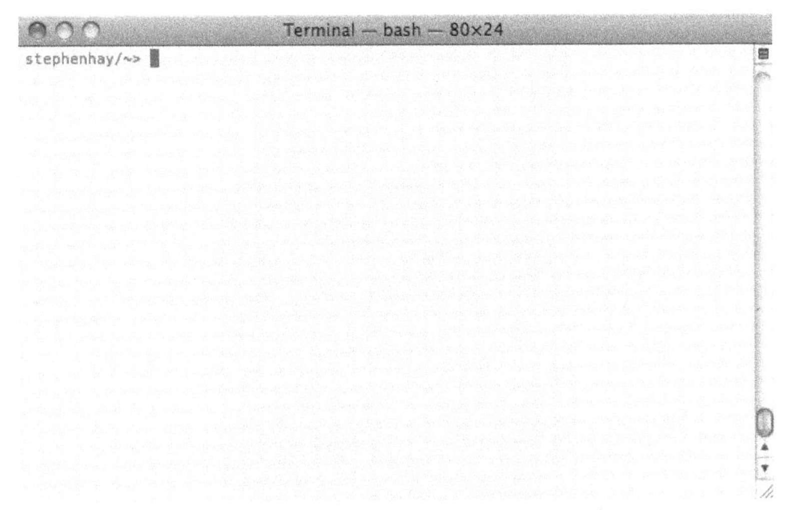

图 4.2 命令行界面很宽敞；它按照指令办事。

所以不必担心。命令行是很有用的工具，就像图形化的应用程序一样。无论用什么样的计算机界面，你要清楚自己要做的是什么。记住一点，命令行只按照你输入的指令来执行，不偏不倚。它不会做傻事，除非你让它做。

关于命令行的魅力，就是你不需要记住所有的指令。知道一些基础指令就可以了——比如查看整个系统，创建、拷贝、移动和删除文件和文件夹——但是基本上，你所需要熟悉的是你正在使用系统的特定指令就行了。

如果你还有疑虑，那想一下 Adobe Photoshop 吧。Photoshop——尽管本书介绍的流程认为没必要用其来创建网页设计稿——是如今最复杂最精致的软件之一。成千上百的书籍介绍如何使用 Photoshop，甚至仅仅其中一部分功能就能写一本书。如果你是设计师，你很可能在用 Photoshop。因此，你很精通这个高级的软件，却对命令行感到焦虑。相信我，你完全有能力掌握命令行的指令。然后，某一天，当你学了更多的命令行工具，能够在三秒钟内对五十张图片进行缩放，你就知道开发者朋友的强大了。如果你正好是开发者，你该得意下，并且再接再励哦。

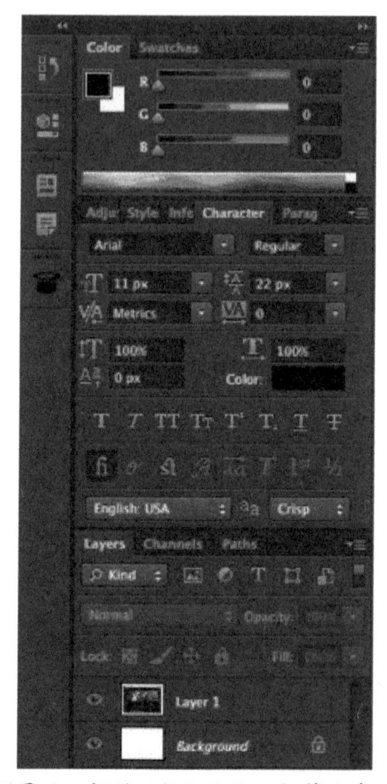

图 4.3 Photoshop 的图形界面，提供了按钮和输入框等元素让用户操作。虽然是图形化的，但也不见得比命令行简单。

我建议你学习类似 Zed Shaw 的 CLI 速成课程去熟悉命令行。它的在线版本是免费的，简单易学，你会学到所有的基础内容。

就像刚刚说的，有些指令你应该了解：pwd、cd 和 ls。来吧，打开你的终端应用程序。这时候，你处在 shell 当中。在 OS X 系统——我正在使用的系统，标准的 shell 叫做 Bash。

作为 Web 工作者，你之前很可能见过终端。如果你不了解，我来解释下：光标前面的简短文本叫做提示符。它是可以自定义的，并且根据不同的系统和用户而有所不同。它可能显示你正在用的系统或所在的文件夹，也可能不显示。这些都无所谓，你只要在光标的地方输入指令就行了。现在输入一个指令试试：pwd。你会看到如下类似信息：

```
$ pwd
```

现在按回车键。这样 CLI 返回了一个路径。就像 Web 服务器端的路径一样，这是你电脑文件夹的一个路径。你看到的路径是从电脑根文件夹到你所在文件夹的路径。pwd 代表输出工作目录（print working directory）。这个指令告诉电脑输出工作目录，你正在工作的目录。这个指令很有用，因为在命令行界面，你不像在图形界面中总清楚自己在哪。执行 pwd 后，我会得到以下信息：

```
$ pwd
/Users/stephenhay
$
```

你的信息可能会不一样，除非你的名字也叫 Stephen Hay（如果你恰哈也是这个名字，我只能说，好名字一个！）。没问题，现在你知道自己在哪了。让我们看看这个文件夹里面有什么。使用指令 ls 可以列出当前文件夹的文件。

```
$ ls
Applications   Documents   Library     Movies
Pictures       Desktop     Downloads   Mail
Music          Public
$
```

文件个数和终端窗口的宽度可能会使得你的返回结果和这不一样。

通过 cd 命令来切换目录：

```
$ cd Applications
$
```

这样我切换到了 Application 文件夹。你或许没有同样的文件夹，输入其中一个文件夹的名字就行了。

我的提示符包含了我在哪的信息（确切地说是包含了我所在文件夹的名字），那是因为我已经定义了它这样做。现在你不需要关心这些。等你慢慢熟悉了命令行，再学习如何自定义环境也不迟。

所以一步一步执行下来很简单：只要输入 ls，然后想要切换到哪个目录就输入 cd 来切换。另外介绍一下，很多 shell 允许你使用 Tab 键来完成输入。这意味着，不需要像在上个例子中输入整个单词“Application”，而是只要输入 A 或 Ap，再按 Tab 键，整个词就会自动完成。如果自动完成匹配到多个单词，那这些词都会展示出来，你需要相应地输入更多的字母再按 Tab 键。这样节省了大量时间。

```
$ cd A [press Tab key]
$ cd Applications [press Return key]
$
```

现在了解了如何切换目录。返回上一级更加简单。单个点表示当前目录，两个点表示父级目录。返回上一级目录可以按如下输入：

```
$ cd ..
```

接下来按回车键。返回上两级目录则需要输入：

```
$ cd ../..
```

这些指令足够你入门了。如果你没有 CLI 的经验，先多练习这些指令一段时间。用这些不会破坏系统，因为这些指令不会修改任何东西。

4.3.2 转化为 HTML

使用命令行工具的第一步就是安装 Pandoc——除非系统自带。我想 Pandoc 不会是系统自带的，所以你需要跟着本书的指示进行安装。在 Linux 中，你可以通过包管理器找到并且安装。对于 OS X 或 Windows，有相关的安装包可用。先安装好 Pandoc（或者其他你喜爱的纯文本转换器），再回到本书吧。

安装好 Pandoc 之后，使用 cd 查看 Markdown 文档所在的文件夹。然后输入以下指令：

```
$ pandoc index.markdown -o index.html
```

这指令的意思是：“对 index.markdown 执行 Pandoc，将其转换为 HTML，把输出结果保存为 index.html”。如果输入指令 ls，你会看到 index.html 已经被创建了。在 Web 浏览器中打开这个文件，结构化的内容已经被转换成 HTML 了，并且它适应几乎所有的设备。

现在页面还不是很好看，所以我们来改善一下它吧。在下一章中以此示例为基础，我们开始考虑设计流程中更加视觉化的方面。

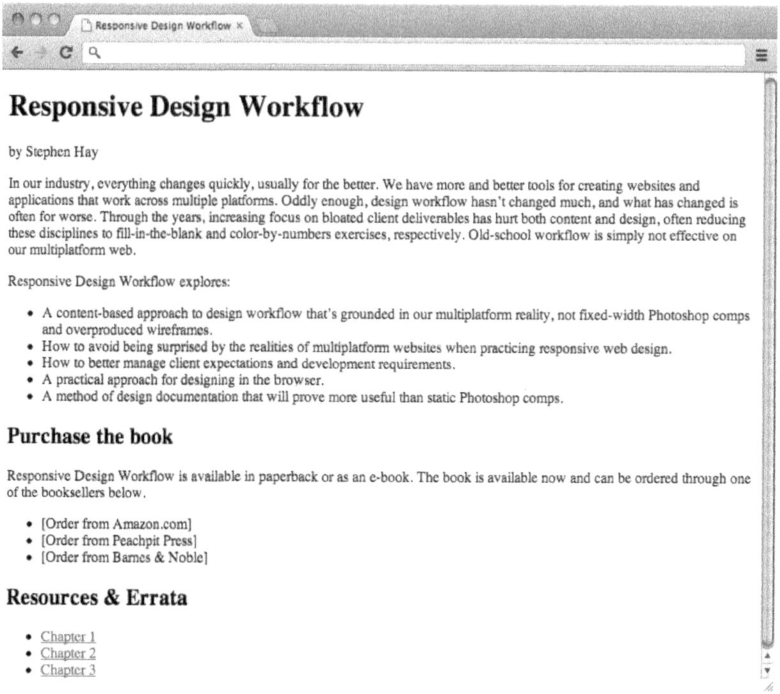

Responsive Design Workflow ×

Responsive Design Workflow

by Stephen Hay

In our industry, everything changes quickly, usually for the better. We have more and better tools for creating websites and applications that work across multiple platforms. Oddly enough, design workflow hasn't changed much, and what has changed is often for worse. Through the years, increasing focus on bloated client deliverables has hurt both content and design, often reducing these disciplines to fill-in-the-blank and color-by-numbers exercises, respectively. Old-school workflow is simply not effective on our multiplatform web.

Responsive Design Workflow explores:

- A content-based approach to design workflow that's grounded in our multiplatform reality, not fixed-width Photoshop comps and overproduced wireframes.
- How to avoid being surprised by the realities of multiplatform websites when practicing responsive web design.
- How to better manage client expectations and development requirements.
- A practical approach for designing in the browser.
- A method of design documentation that will prove more useful than static Photoshop comps.

Purchase the book

Responsive Design Workflow is available in paperback or as an e-book. The book is available now and can be ordered through one of the booksellers below.

- [Order from Amazon.com]
- [Order from Peachpit Press]
- [Order from Barnes & Noble]

Resources & Errata

- Chapter 1
- Chapter 2
- Chapter 3

图 4.4 使用像 Pandoc 那样的命令行工具，把纯文本标记转换为基本的 HTML 网页仅仅花了几秒钟时间，这样大大节省了时间。

第 5 章

线性设计

在大多数小尺寸窗口中——比如手机屏幕——我们只能以一种线性的方式浏览网页内容。许多设备可以实现按列摆放元素，但不是所有设备都能实现这点。这依赖于设备尺寸及其对 CSS 的支持程度。在本章，我们将看看设备类型如何决定设计与内容的断点，以及在特定屏幕宽度之下，这些设计和内容如何表现。

我所谓的线性设计，是指线性内容的设计。可以使用颜色、字体和图片，但其设计没有任何布局，只是内容的垂直堆叠。

但是，首先我们需要接受一个事实，那就是连最简陋的设备都支持的技术是：结构化的文本内容，类似我们通过从 Markdown 文档转换而来的 HTML。早期拥有 Web 功能的手机，应该能处理我们的页面内容，即使不是很好看——虽然没有 CSS 的支持，文本仍能够显示出来。纯文本浏览器也属于这一设备类型。在这之上，是那些支持 CSS 的设备。我们将仍然使用结构化的文本内容，但 CSS 能让我们使用一些视觉效果。由于各种设备对 CSS 的支持度有所不同，我们所采取的方法应该像夹心蛋糕一样。即便是在这一层级之上，渐进增强仍然是很重要的。

5.1 开发一种设计语言

Bryan Rieger 曾经谈论过“参考设计”的重要性。参考设计是指基于仔细选择的设备类型，针对战略性选择的一个或多个尺寸进行网站或应用的设计。在创建响应式设计时，你可以参考这些设计，而不用为每一种屏幕宽度进行单独设计。这也正是整个设计过程变得个性化的地方。很多人想要先创建一个桌面设计，然后再基于此创建线性设计。你可以这么做，但是这和本书工作流程的目的背道而驰。而我所推荐的设计过程，是对设计一步步递增和积累，由小而简单做到大而复杂。

参考设计可以是一张单独的图片或者草图，它指导着各种屏幕尺寸的设计。

它也可以是多张草图，例如，320px 一张，600px 一张，以及 900px 一张，每一张大致描绘出了对应宽度下网站的样子。

所以尽管 Rieger 几年前所说的方法依然有意义，并且如今也能有效使用，但我觉得你应该挑战一下，在不完全知晓你的“桌面”版设计之前开始设计。从设计的角度讲，这一方法严格的采取了移动优先的理念，并且，它绝对会让你感觉像是在黑暗中行走。

我们将会使用 Rieger 的流程的变种——把对线性呈现的内容的设计当作参考设计。有些吓人，是吧?

尽管本书的工作流程比起瀑布流程在修改内容方面没那么麻烦，但我们仍然需要小心。我们必须考虑其他屏幕宽度以及浏览器环境，即使设计项目会因此而延迟。我们可以开发一种设计语言来实现这一点。平面设计师可能已经明白我的意思了。而对于更为技术型的读者，设计语言就好比任何其他语言——它为你的设计提供了基础。

我倾向于将视觉语言看作由 4 个部分组成（如下所示，没有特定的顺序）。

- 布局（空间和元素的一般用法和组合）
- 颜色
- 字体
- 图片（照片或插图）

有些设计师的看法可能有所不同，认为由更多或者更少的组成。没关系，我以此 4 个部分为基础，并且我将在示例中使用它们。

5.1.1 使用设计漏斗

设计师一般不会忽略设计语言的组成部分（component）而武断做决定，也不会随意使用字体和颜色，忽略从最基础做起的原则。自发性可能在艺术中管用，但在设计中通常不管用。设计解决的是问题，所以你要清楚需要解决什么问题。

设计漏斗，是我起的昵称，指的是创建设计语言所遵守的流程，它涉及设计师所做的但是无形的东西（见图 5.1）。它把抽象的客户对目标和价值的期望（“我们是专业、值得信赖的，我们要动态的网站”）通过虚构的漏斗变成具体的设计语言。这并不是什么新方法，但令人震惊的是，很多设计师都忽略了最关键的第一步。他们直接跳到了设计，再从其中提取设计语言。这是非常没效率的工作方式（由于我也曾经做过这事，所以我也没资格评论了）。

设计漏斗通过筛选，把客户的期望转化为用于设计的具体语言。

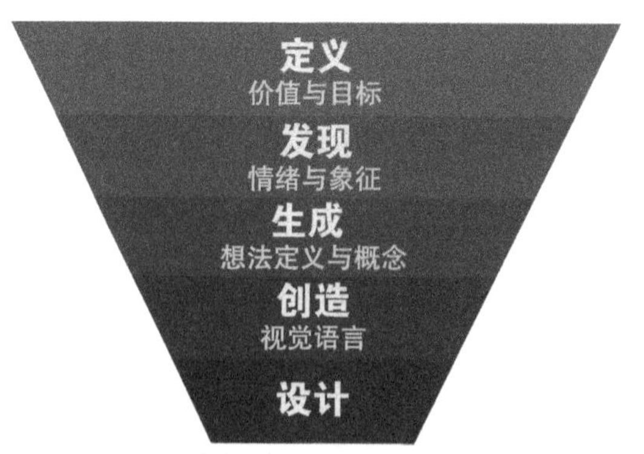

图 5.1 设计漏斗把抽象的目标和价值转换为具体的设计语言。

设计语言的典型例子：MailChimp

对此抱有怀疑的人，想想 MailChimp 吧，有个性的电子邮件软件。它的个性通过设计语言融合到了网站和应用程序的设计当中（见图 5.2）。

当然，这里指的是视觉设计，而 MailChimp 的所有方面——包括可用性、内容和视觉设计——都体现了公司的目标和价值。整个用户体验都融入到了它的个性当中。

并不是说 MailChimp 的设计师使用了设计漏斗，但他们确实使用了相似的流程：用有趣的调子、卡通的插图和愉悦的配色把目标和价值转化成具体的东西。排版极其简洁、易读。令人佩服的一点是他们对圆角的选择也是出于更加协调的 MailChimp 个性。确实，这是做出设计选择的唯一合理理由：达成目标，解决问题，或描述事情。

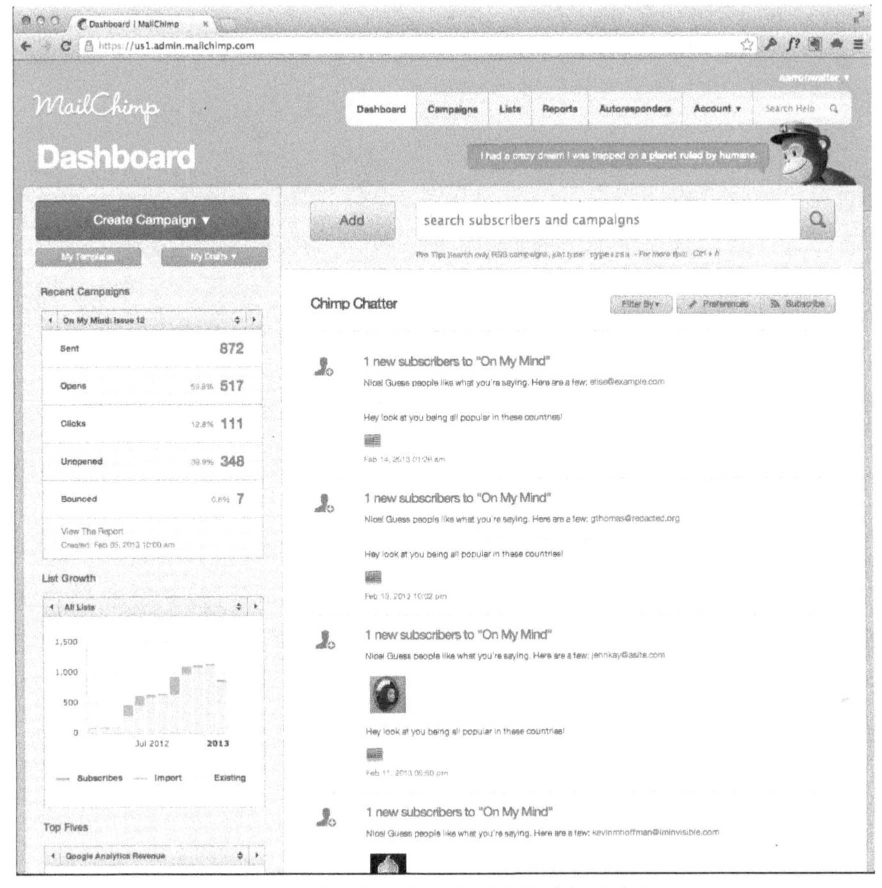

图 5.2 MailChimp 的设计语言使其极具个性。

你可能有很多疑问。对于某部分人，看到专业这个词就联想到无衬线字体、蓝色和常备图库里的通电话的微笑美女；但对于其他人，像 MailChimp 这样的网站就很专业。有些客户有品牌推广指南，定义了你所工作的沙盒。把客户的需求转化成与其相关联的设计组件是设计师的工作。这点很难，但是这就是工作，不是吗？而且它可能很有意思。多想想，当用户看到你的设计时，他会跟什么联系起来？

这本书讲的是设计流程，不是设计；所以我在设计方面不会详述。但记住，找到有助于开发设计语言的流程很重要。你会找到所需的语言来创建有个性的网站或应用。

5.1.2 在实际设备中运行设计

你可能只是听说过，你也可能正准备这样做：用实际设备来查看设计。不管在流程中哪个环节，都这样做吧。把设计放到服务器上随便一个地方，然后试着厚脸皮地借别人的设备一分钟，用来查看你的设计（找你认识的人——虽然这也是认识新朋友的一个好方法）。

这本书后面，我们会讨论何时和如何用实际浏览器和实际设备来展示你的设计给客户。虽然你现在只在“设计阶段”，也应该在浏览器中随时测试。

要做到这点，你需要把项目文件夹放到 Web 服务器上或者在自己的电脑本地测试。这样可以把文件放到移动设备浏览器里面。很明显，Web 服务器是最好的，特别是用借来的设备进行远程检查。如果你没连接到 Web 服务器或者不知道怎么建立，你可以按照以下步骤为你的项目文件夹建立一个简单的临时 Web 服务器。

建立临时 Web 服务器

如果你不知道如何建立 Web 服务器或如何连接，你可以按以下步骤来建立简单的 Web 服务器，用来运行你的项目文件夹。如果还没有安装 Python 编程语言，你需要安装一个。我非常推荐临时服务器，很容易建立，你可以立即在实际设备查看设计，如果它都在同样的本地网络的话。

你需要知道电脑的在本地网络的 IP 地址，才能从其他设备的浏览器连接它。查找 IP 地址的一个方法就是在终端输入以下指令。

```
ifconfig | awk '/inet\ / { print $2 }'
```

这个指令会输出一组 IP 地址。大多数情况下，你要记下以 192.168 为开头的那个。

一旦知道了本地 IP 地址，就可以建立简单的 Web 服务器了。在终端运行以下指令（在你的项目文件夹执行——不清楚的话用 pwd 指令检查）。

```
$ python -m SimpleHTTPServer 8000
```

这样，建立了 Web 服务器，可以在端口 8000 看静态文件了。你现在可以在其他设备（比如手机）打开浏览器，并输入以下 URL。

```
http://[your IP address]:8000
```

很明显，你要把刚刚记下的 IP 地址替换这个 [your IP address]。没问题的话，你可以在手机或其他设备中查看设计了。

要停止服务器，按下 CTRL+D 就好了。

这简短的指令很赞，这时候你可以在你的网络中任意的设备中查看设计了。有时候，仿真器或者模拟器可以派上用场。

我说过，在实际设备中测试很关键，但是有时候如果没有设备可用，用仿真器来测试就可以了。然而，一般来说，仿真器是在用实际设备之前的替代品，是方便快速测试的一种方式，是在设备差别不是很重要的情况下使用的方法（比如第 3 章“内容参考线框图”中设计线框图的时候）。

现在我们开始用一些很简单的 CSS。我的期望是，即使在老式手机中会丢掉一些 CSS，但结构化内容依然可用，并且我们可以简单地改善一下 CSS，让网站在老式手机中看起来舒服一些。

同样记住，这本书讲的是设计流程，不是开发。我不会详述做哪些事情能使网站在多数设备都能正常显示。我的目的是，用一些开发知识和技术来实现以下两点。

1. 帮助设计师更好地了解他们在为什么而设计，他们已经被封闭在自己的设计环境中太久了。
2. 让设计师体验到他们所做的设计带来的实际影响。

5.2 增强结构化内容

现在，你已经准备好了设备或仿真器，在浏览器里面打开第 4 章“基于文本的设计”用 Pandoc 生成的 index.html 文件。这不是你预期的！页面太宽，文本太小了。就好像是正常的桌面网页被缩放了以适应这个浏览器（见图 5.3）。实际上就是这样的。

记得我们在第 3 章中做的线框图吗？用移动浏览器打开它。差别好大，是吧？这是网站应该呈现的样子。

这是我们在第 3 章讨论过的视觉视窗和布局视窗的区别。回想一下，我们使用了 meta 元素告诉浏览器设置视窗宽度和设备宽度。Pandoc 生成的 index.html 其实只是 Markdown 的内容，并没有 HTML 的 DOCTYPE 或者

<head>，因此也没有 metadata。

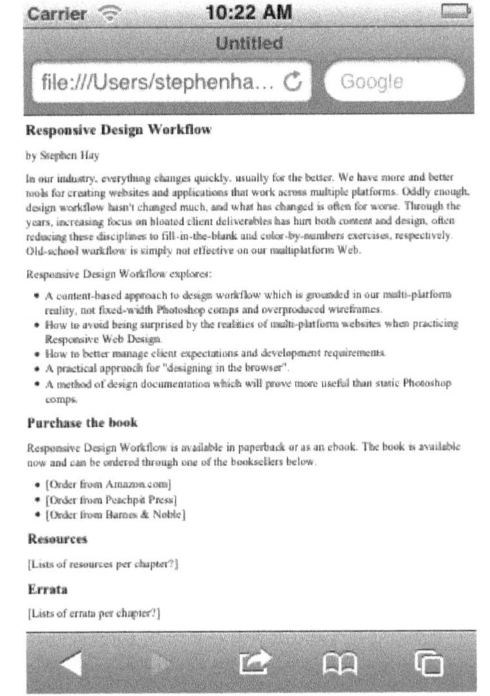

图 5.3 在移动浏览器中，我们的 Pandoc 生成的页面，看起来还不太对劲。

这时候我们有两种选择。

1. 修改 HTML 文件，使其包含 <head>，里面有 DOCTYPE 和 meta 元素。
2. 把 index.html 的内容粘贴到线框图。

关于这两点的问题是，它违背了响应式工作流程的原则：越是在设计流程的前期，修改应该越容易。如果要修改线框图会怎样呢？我们会同时修改了线框图和内容。那如果要修改内容呢？我们不得不把细小的修改内容剪切并粘贴到线框图适当的地方。

我把 HTML 看作一组简单的标记而不是完整的页面，但在这阶段我会把它当作页面进行测试，而不是和线框图结合起来（下一章我们会这样做）。

这样做的方法是使用模板。

5.2.1 模板介绍

模板是样板化的代码片段——也可以说是代码容器——代码会被装载于其中。把模板看作一个杯子。你创建所需的杯子的类型，再把代码装载进去。目前我们的杯子非常简单，和我们最初创建线框图时所用的代码相匹配。

```
<!DOCTYPE html>
<html lang="en">
    <head>
        <meta charset="utf-8">
        <meta name="viewport"
        →content="width=device-width,initial-scale=1.0">
        <title>Responsive Design Workflow</title>
        <link rel="stylesheet" href="styles/base.css"
        →media="screen">

    </head>
    <body>
        $body$
    </body>
</html>
```

把这段代码复制到编辑器，保存为代表模板的名字（便于你记住）。我通常会在当前项目文件夹建立一个新文件夹，将其命名为 templates，然后把模板文件命名为 default.html 保存到其中。

如果不熟悉模板，你大概会疑惑为什么 body 这个词是被 $ 符号包起来的。这个叫做变量（variable），是特定内容的占位符。这就是杯子的空的部分。在这个例子里，什么东西会被装载到这个 $body$ 变量里面呢？对了，就是从 Markdown 转换而来的整个 HTML 内容。

我们使用模板的原因是：模板的内容不会经常变，但是放到 $body$ 的 HTML 会经常变。更重要的是，模板可以使用在项目里几乎所有的页面，而不仅仅是我们举例的首页。

1. 用 Pandoc 使用模板

要指示 Pandoc 使用模板，我们需要输入以下指令。

```
$ pandoc index.markdown --template templates/default.html
→-o index.html
```

试下这个。确保你当前位置是在 index.markdown 所在的主要项目文件夹里面。记住，如果你不是很清楚自己所在的文件夹，可以输入 pwd 指令，再输入 cd.. 切换到其父级文件夹。

如果你在用别的转换器而不是 Pandoc，你要看看该转换器的说明文档是否支持模板。如果你是个经验丰富的 Web 开发者，你可以使用任何你喜欢的模板系统。Pandoc 是用 Haskell 写的，但模板语法几乎每一种语言都有。就个人而言，我觉得 Pandoc 简单的 $ 符语法就挺好的。

2. 命令行新手?

如果这些操作是你第一次使用命令行，那么仔细看看这些指令，然后试着读一下，把它转化为通俗的语言。

```
pandoc index.markdown --template templates/default.html
→-o index.html
```

这句话说的是：“对 index.markdown 执行 Pandoc，结合 templates 文件夹里面的 default.html 模板文件，输出一个名字为 index.html 的文件。”

按照这种方法阅读指令，不仅有助于理解指令的作用，而且方便记忆。

输入这些指令，按回车键之后，原来的 index.html 就会被新的替换了。要证实这点，可以在文本编辑器中打开文件。这时候你会看到模板代码的 <body></body> 标签之间装载了从 Markdown 转换来的 HTML。如果你的不是这样，再回头查看本章的步骤，看看是否每一步都照做了。

在仿真器中（或实际设备）打开这个新的 HTML 文件，你会看到页面是预期的效果，即页面宽度等同于设备宽度（见图 5.4）。这是我们的代码起点。

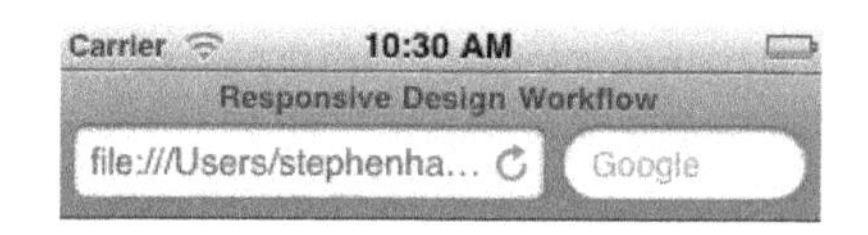

图 5.4 应用了适当模板的 Pandoc 页面。

3. 模板不是必需的，但是很有用

一般来说，你不会只设计一个页面。虽然你可以为每一个不同的页面建立一个 HTML 文件，但这样会有很多的重复信息（模板里面的代码）。使用模板的话，仅包含内容的 Markdown 文件在执行 Pandoc 之前都能够保持

很好的独立。如果其中的一个文件需要修改，那么你只要对其执行 Pandoc 就行了。如果要对模板进行修改——比如样式表链接地址——你仅需要修改一处地方，再对每个文件执行 Pandoc 就好了。另外一个好处是，Markdown 的标记形式很容易理解，你可以让内容提供者帮你把 Markdown 文件准备好。

我发现对于某些读者，模板的介绍让事情变复杂了。我建议你花些时间去深入理解它。如果你觉得本章这个“极客”东西很难理解，那可以先暂时忽略，等有时间了再回过头来重读本章。还有，其实后面的章节会更加的极客，所以现在其实是让你先尝试一下。所有这些比较技术性的东西，熟悉了会很有用，甚至了解一下也会有所帮助。你应该用一下这些工具，它可以帮你提高效率。说实话，目前我们所讲的都不难，只不过是可能和你之前所用的方法不太一样罢了。

5.2.2 目前你的项目文件夹

在开始设计工作之前，让我们先同步一下，确保你所建的文件和文件夹跟我所建的一样。在前面一些区块，如果你遇到什么问题，有可能是因为指令错误或者文件存错了位置。你的项目文件夹应该是类似这样的。

```
project-folder
|- inventory.txt
|- wireframe.html
|- styles
|   |- base.css
|   |- medium.css
|   `- large.css
|- index.markdown
|- index.html
`- templates
    `- default.html
```

5.2.3 思考和画草图

请在移动设备浏览器中花时间仔细看一下内容。向下滚动内容，好好地思考一下。希望你已经定义好了目标和价值，了解清楚视觉需求，如品牌推广和定位指南（或者客户倾向的颜色等——这种情况时有发生）。记住别忽略了这一步。

我喜欢在纸上画草图，或者用 Wacom 手绘板在屏幕上画（而不是 Photoshop），这是上了年纪的表现。我也用触屏设备的专用笔在手机或平板电脑等实际设备上画，这是我从 Stephanie Rieger 学来的一个优雅的小技巧（见图 5.5）。这些笔配合设备上全屏的画图软件，能很好地描绘实际尺寸的线框图，有助于你思考多样的设计选择。

这是我的做法，但实际上每个人的做法都不一样。

既然有了结构化的内容，你可以清楚地看到没有应用 CSS 的效果。那是你的起点。现在该跳到你的创意流程，用纸也好，软件工具也好，开始画你想要的效果吧。

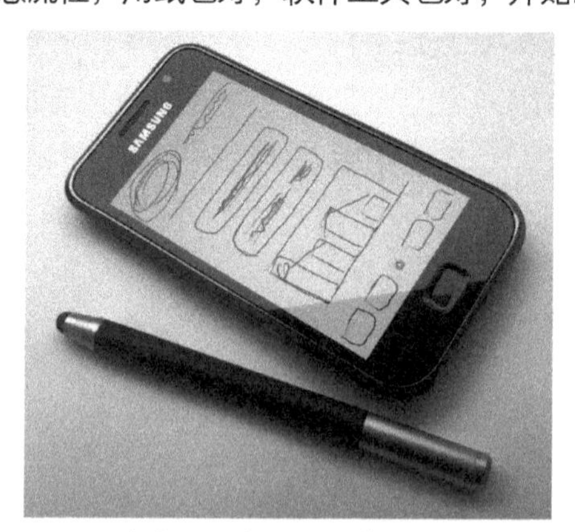

图 5.5　在实际设备画图既有意思又实用。

完整总结：这个流程建议先对小屏幕设备画模型图，但并不意味着你不能为大屏幕思考并画草图。我就是这样做的，我发现在桌面屏幕上画图和思考很有效率。你不妨也这样做。

正如我之前说的，这本书不是关于如何设计，而是关于如何用最有效的方法进行视觉化设计。现在，你需要完成本流程的最具挑战性的一部分了：设计。思考一下，然后画草图，当你有信心可以对一些创意进行模型化的时候，你就可以准备进入下一步了。

5.2.4 多尝试字体和颜色

用图像编辑器之类的工具进行设计的时候，我觉得最大的一个问题是工具和实际 Web 之间的分离。类似 Photoshop 的工具能创建的是图像。而 Web 呈现的是内容，其内容渲染在不同的平台和不同的浏览器又有所不同。尽早在浏览器测试很重要，它便于你在 Web 上看到设计的实际效果。这样，你就能及时调整设计。这是提升设计能力和技巧的很好机会。

要开始设计，最简单的方法之一是先考虑字体。正如你所知，字体是个很大的课题，极其复杂。字体被认为是 Web 设计的最重要的一方面（它也是最让人发愁的一方面，因为在 Web 上字体渲染差别很大）。我认为字体是非常重要的起点。多年之前，我做印刷业的美术指导，每个项目的第一件事就是确定字体。在这里，让我们也以字体开始吧。

我建议你们首先思考的一件事是你的字体是否大多是 serif 或者 sans-serif 。如果你已经画好了草图，你很可能已经做好了选择。对我们的图书网站的例子，我选择了 sans-serif 字体，因为我看了本书封面的排版，它用的是 sans-serif 字体。这决定了我的字体选择，而你的项目中，样式手册里面的字体指南可能会决定你的字体选择。

根据已选的字体 sans-serif，我们将会定义页面的字体集。

我们在 base.css 里面定义字体集。打开文件查看，你会看到其中的线框图的样式。那些样式声明是有命名空间的，它只应用在 class 为 wireframe 的

HTML 元素上。我要把字体应用于全局，所以不需要命名空间。在线框图样式的顶上输入以下声明。

```
body {
    font-size: 100%;
    font-family: Gill Sans, Helvetica, Arial, sans-serif;
}
h1,h2,h3,h4,h5,h6 {
    font-weight: 200;
}
```

请注意，这些样式是为我们的示例网站而定义的，对于你的设计，你要用自己选好的字体。

在浏览器刷新网页，你会看到字体样式已经生效了。如果你在桌面浏览器查看这个网页，可以把浏览器窗口缩窄到和智能手机一样的宽度。我建议选择之前我们讨论的仿真器。

你也可以用 Photoshop

几年前我在荷兰的一所大学做了一系列的讲座。首先让我震惊的是，学生基本上都迫不及待地跳到 Photoshop。好大胆！

但当我仔细看了之后，发现这只是他们画草图的方式而已。他们用 Photoshop 进行试验，用屏幕思考。这不是我喜欢的方式，但这是他们喜欢的方式。如果你也是用 Photoshop 或者其他的计算机应用程序来“思考”，我并没有强制阻止你。

我只是希望你们使用更合适的工具来创建展示给开发者和客户的设计稿。虽然我对用软件思考有所保留——比如，一些人倾向于用软件的功能来引导设计抉择——但我尊重每个人的独立创作流程。

1. 开始塑造

对于你的项目，你应该已经画了草图，知道了你的设计要呈现什么样子。大多数 Web 设计师一般从这里开始就在 Photoshop 中设计了，但有两点区别。

- 不用 Photoshop，而是继续写 CSS，也许时不时改一下 HTML 的内容。
- 你会不断的应用样式，这样，累积的效果会把你的草图视觉化。要做到这点，你会用简单的 CSS，以较窄的屏幕开始设计。

创建响应式设计的第一部分是线性设计，即是应用简单的 CSS（字体和颜色）创建适用于所有屏幕宽度的基础样式。这意味着，现在还没有布局，因为布局仅能用于足够大的屏幕和能够显示它的浏览器。这阶段的关键是在 Bryan Rieger 方法的基础上再迈出一小步。我们会一直调整 HTML，但它将不再是无样式的了。

这个方法就是：开始对这个无样式的 HTML 进行塑造，直到它的字体和颜色和你的草图相接近。要有条理地进行。只要是能够改善设计的 CSS 都加上，也许就是一些简单的 margin 和 padding。喜欢的话可以加上背景颜色，但以下几点在这阶段我会避免。

- 任何形式的布局（不要纵列！）
- 盒阴影、文本阴影、圆角和渐变等 CSS 样式
- 字体嵌入（@font-face）

所以，要清楚，在这阶段我们只是为后面更加复杂的 CSS 设置了基础。我们需要它读起来是线性文档但又是应用了字体和颜色的。通过后面的步骤，你会尝试让设计更加丰富。一步一步来吧！

2. 添加图片

你很可能要在设计中加一些图片，包括如公司 logo、照片或者图标。这个

阶段是把图片放到模型里面的好时机。对于那些属于内容的图片（非背景图片），最好是放在 HTML 里面。假设这个线性布局是仅有的布局，把图片放到最合理的地方。很明显，你可以用 Photoshop 或者其他图片编辑器来创建和编辑这些图片。毕竟，图片编辑器就是这个作用。

尝试着创建图片版本，使其适应小屏幕设备的线性设计。换句话说，不要用大图片再通过 HTML 或 CSS 将其缩小。创建适合你当前参考设备的准确尺寸的图片。建议你用图像编辑器把大图片导出小图片，这可以让你试验下看看，在小屏幕设备你的图片具体需要多大。这是很有价值的信息。

啊，等等，你要我写 CSS？

没错。时装设计师和布料打交道；家具设计师用真实的材料建造模型。为什么？因为他们想要知道，用户在使用的时候会有什么样的体验。Web 设计是用来体验的，这和在书里或透过玻璃看图片是不一样的。

做 Web 设计，了解一些 CSS 技巧和设计模式是不会有错的。你不能仅仅靠设计精美的图片来展示网站的样子。你需要先体验它——在不同的环境、不同的设备、不同的浏览器中——这样你才知道为别人创建的是什么。

Photoshop 是一个设计工具。CSS 也是。Web 浏览器也是。你的手机也是。就是这么简单。如果你从来没有考虑过“设计师要写代码吗？”这个问题，就别再考虑了。答案是肯定的——当然是有理由的。

3. 表单元素和触屏设备

假设你的小屏幕参考设备是触屏设备，而你的设计里面有表单（或你在设计的 Web 应用程序有很多的如按钮的 UI 元素），你这时候你会感觉到这是很复杂的事情，你甚至会把它搞得更复杂。对于字体也是同样的道理。这时候先不要设计布局，但你可以先调整一下元素的尺寸。不断调整元素，直到你觉得没问题了，用手指滑动元素能够很顺畅（用一个以上的设备来测试，这是我非常强调的一点）。调整元素之间（上下）的空隙，直到参考设备上出现整洁实用的线性设计。

5.2.5 暂时不要做太多

在一台移动设备检查了线性设计之后，在另一台不同的设备再检查一遍。有什么不同？记录下某些设备中出现的问题，必要的时候做出小修改。记住，先不要做太多——禁止设计布局。

你对结果感到满意之后，你会看到 HTML 文件读起来是线性形式，包含了一些用来修饰结构化内容的基本样式，用的是草图里面的颜色和字体。

图 5.6 移动设备上的图书网站的线性设计。

下一章，我们将看看如何通过评估和视觉化不同的断点来为实现响应式设计做准备。断点指的是在不同的条件下，设计是如何响应的。

我提到过内容在某种情景下的表现方式决定了断点。在思考这些断点时候（一般的断点），我建议你用线性设计来探索在哪个点设计需要做出相应的变化。

在尽可能多的设备上查看你的设计，看看在不同尺寸的屏幕当中内容是如何呈现的。文本的列是否太窄？太宽？在设备里面文本一直可读还是太小？

你甚至可以记一些关于断点研究的笔记，为下一步做好准备。断点并不一定代表布局的大变动，它可能只是小的细节改变。实际上，断点也许仅仅是文本尺寸的改变。多体会一下，用浏览器的开发者工具来随意尝试可能的改变。

这个尝试和探索不是必须的，但它会帮助你进行下一步。那么现在，开始设计断点吧！

第 6 章

断点图

你可能已经注意到，贯穿响应式设计工作流程有一个主线：每一步的成果都是为了有助于设计流程，而不是侧重于为了客户去产出交付成果。这些成果的另一个特点就是，大部分成果都可以作为一种文档形式，要么是单独一个步骤产出成果，要么与工作流程中其他步骤的产出结合。Joel Spolsky 在他的博客提到："如果你没有一个设计规范的话，那么就制定一个吧，它可以用来确定那些大大小小烦人的设计决策。"

这种设计规范文档（也可以说是说明书，或者规范）可能让人觉得很无聊，尽管我知道有一些人喜欢写它。通过文字描述设计图的文档需要花掉你几个小时甚至几天。不是经常有人说"一张图胜过千言万语"吗，这意味着其实文档不必总是像指导手册那样，它可以更丰富多彩。这种情况对断点图是尤其适用的，也是本章的主题。

我们回顾下响应式工作流程前面的步骤，可以看到每个步骤产生的交付成果。这些成果不仅有利于设计的创作，而且可以作为设计文档的一部分。为了让文档更完美，对阅读者更有帮助，你需要写一些项目背景以及把工作流程的各个步骤联系在一起。但是，大多数文档在视觉效果这方面不够吸引人。

内容清单本身可以作为一个文档，也可以作为一个更大的文档套件的一部分。内容参考线框图和结构化文本设计也是如此。尽管不是每个工作流程的交付成果都可以作为独立文档，但每一个成果都是设计流程的一部分。在本书的后面我们将看看如何将所有这些交付成果联系在一起，创建总体设计文档。

只要有得选择，在创建文档的时候我更喜欢走视觉引导。你可能也已经发现，包含图像的项目文档看起来更让人印象深刻。

除了关注可用性那一块需要你在每个细节都尽可能描述清晰，其他很多东西都可以借助图片更清晰地表达。即使有时你需要把所有东西都描述出来，但以图像作为开始会让你需要表达的意思更清晰。

同样的原则也适用于用户文档跟设计文档。我敢说，大多数设计师都擅长ID 设计、品牌指南——通常称为风格手册或风格指南。这些文档通常用来描述：哪些元素适用于公司和组织中的视觉标识（logo、类型和插图等），在特定情况下哪一个可用，以及怎么用。我看过很多手册，有长达上百页的样式手册。为了让读者更好地从手册中获取到信息，必须将它们在视觉方面做得更丰富。有一个文档描述空白如何在 logo 和图片中使用，以及如何完成测量。重点是，任何不能通过图片完整地传达信息的，应该提供额外的细节描述（其实文字描述完全没有必要，它只是在读者实在无法理解图片的糟糕情况下一种补充）。不管什么情况，我们都应该先尽可能先考虑用图片，然后描述图片要表达的意思。这样可以节省很多的时间，做出来的文档也会更加有效。

6.1 文档断点

我对数据可视化有自己的观点。我指的不是报纸上金融板块里关于石油数据的异化柱形图，把柱形图里的填充物变成一桶一桶石油。我指的是数据的展示，在视觉上很简洁，表达很清晰，能够在一定程度上帮助读者更直观的理解数据。这种视觉效果不需要多余的解释，引导读者深入探索、理解，并从数据中抽取结论。

由于它的目标是要读者去理解，所以视觉效果不能太考想象力或者太复杂。

断点图是我用来将断点可视化的方法。它既是设计流程中的一个工具，也会成为文档成果。在响应式工作流程早期阶段，我会进行一些假设和推测，后续再基于实际做校正。

但是当我们准备创建断点图的时候，我们怎么开始创建它呢？首先明确地定义一个断点是相当重要的。

6.1.1 剖析断点

通常所说的断点是一些特定的条件，当页面符合这些特定的条件的时候，CSS 媒体查询就会被激活，进而当前页面样式发生改变。虽然这句话没错，但是这个定义并不完整。我们需要一个更普适的、与技术无关的定义。

我个人定义断点为一些临界点，在这些临界点上网站或 Web App 的某些部分会发生改变。下面三个因素的变化都可以算是断点。

1. 设计跟布局变化
2. 功能变化
3. 内容变化

在各种条件下这些因素都有可能需要改变（或者你想让它们改变），满足这些条件的临界点就是断点。下面我描述一个例子。

“当视口的宽度大于等于 600px 时，使用两列布局代替单列布局。”

接下来看一个简单的语法“if[condition], then[change]”。满足这个条件就是断点，在这个例子里面断点是当视口宽度大于等于 600px。这使得我们很容易理解 CSS 媒体查询（media query）语法：

```
@media only screen and (min-width: 600px) {
    /* Do stuff */
}
```

这应该很容易理解吧。only 这个关键字会让媒体查询在支持它的浏览器里渲染。除此之外，该查询还可以这么简单地理解。

“当使用视口的屏幕达到 600px 及以上，渲染对应的样式。”

我们可以尝试从另一个角度考虑断点更完整的定义，因为当断点被触发的时候，并不是只有 CSS 可以用来实现对应的改变，比如 JavaScript 也可以做到。下面这个例子效果跟上面的 CSS 媒体查询基本一样：

```
if (document.documentElement.clientWidth >= 600) {
    // Do stuff
}
```

或者

```
if (window.matchMedia("(min-width: 600px)").matches) {
    // Do stuff
}
```

请注意，“媒体查询” JavaScript 在浏览器只需判断一次，而 CSS 则会不断地检测。

一般来说，你用什么方式实现都可以。重要的是，你很有可能需要用好几种不同的方法来测试这些条件，以及在这些条件下，你操作哪些东西做出响应。在复杂的网站上，记录这些条件和变化很有价值。即使是简单的网站，记录断点也是很有用的。

在 Web 项目里，断点变化分为前面提及的几种类型（视觉设计 / 布局、功能、内容），但是构成一个断点还需要考虑更多的约束条件。比如媒体特性可以通过 CSS 媒体查询获得宽度以及手持设备的方向，这里只是举个例子（不是所有的浏览器都支持）。对 JavaScript 等语言，设备的支持能力也是你需要考虑的。比如，设备的一些特性像摄像头很有可能决定哪些功能在你的 App 上是可用的。在很多情况下断点都有可能被触发，并不全是来自 CSS。

这意味着设定断点的时候要考虑很多不同的事情。不是所有的断点都会发生设计的改变，但是所有都会与设计师有点关系；设计师至少要知道断点的效果，它在整体体验上将产生什么变化。所以确定断点是需要整个团队一起来努力的。

使用隐式断点渐进增强

实际上我们使用断点很多年了："当支持JavaScript，执行JavaScript的代码。"如果你实践过渐进增强模式，你将会很熟悉这个概念。你可能没有想过称这些条件为"断点"，但是能这样理解是很有帮助的。很多客户端功能的可用性都需要依赖用户的设备支持JavaScript。所以你会用同样的方式说，"当窗口变得够宽的时候，给我一个新的布局"，你还可能会说，"如果浏览器支持JavaScript，就使用Ajax提升我的简单的HTML表单的体验，还有很多其他功能。"记录这些事情在很多方面是很有用的，至少现在你有了一个列表，表明了在你支持各种浏览器和其他设备时可能存在的漏洞。

6.1.2 可视化断点

以前我经常发现自己会用一个简单的表格来记录断点。作为一个大数据可视化的热衷粉丝，当我无意中发现Stephen Few的子弹图规范（见图6.1）的时候无比的兴奋。

图6.1 子弹图可以在一个小空间里表达大量信息。

子弹图是条形图的一种，就像一个温度计。它们可以是横向的或是纵向的。它们结合了定量刻度和定量范围，使用标记作为测量单位。

子弹图是用来做仪表数据开发的，所以它们跟响应式设计断点没有什么共同之处，比如销售团队就会使用它们。但是，我喜欢子弹图是因为它能够在那么小的空间里包含如此多的数据。那我能否用相似的东西来将断点可视化呢？当然，一个电子表格就可以搞定它们了，但我可是一个搞视觉的啊！因此，我会用断点图。

断点图是将渐进增强模式可视化的一种简单的方法：从基础的 HTML 到最高级的 CSS 和 JavaScript，从简单到复杂，从一个地址列表到一个富交互的地图，当然，从小屏幕布局到大屏幕布局。

6.1.3 断点图组件

我的断点图通常只指包含少数简单的组件（见表 6.1）。

比如“定量刻度”，我指的是一个简单的顺序比例，如小、中、大。图 6.2 这种横线可以展现任意的刻度，取决于你的断点图想要表达的是什么。这种形式很明显，这条横线意味着一个视口的宽度规模从 0px 到 >1280px，或者从 0em 到 >50em，或者其他类似的。

0 > 1280

图 6.2 代表定量刻度的横线。

表 6.1 典型的断点图组件

组件	用途
水平线	定量刻度
线段 / 块	定性范围
点 / 标记	断点

<table>
<tr><th>组件</th><th>用途</th></tr>
<tr><td>文本</td><td>断点标签
宽度标签
宽度范围标签
声明</td></tr>
<tr><td>图片</td><td>缩略图</td></tr>
</table>

“定性范围”则没有固有的顺序，的确，各个值之间可能没有任何关系。你可能用“线段或块”来表示“当JavaScript是可用的”或“这个设备有摄像头”（见图6.3）。“定性范围”跟“定量刻度”不一定会有一一对应的直接关系。比如，视口的宽度跟支持JavaScript的程度数量是没有什么直接关系的。因此，你的水平线跟彩色的线段或者块应该以某种方式关联起来。否则，你可能需要不止一个断点图，这个我们很快会讨论到。

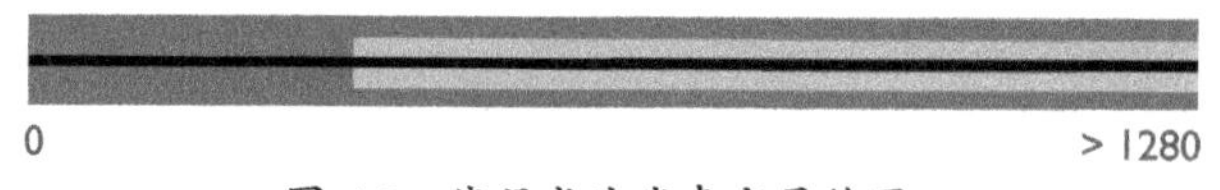

图 6.3　线段或块代表定量范围.

实际上断点会被放置在横线上作为标记，用来标明要发生改变的地方（见图6.4）。每个线段和整个横线代表约束条件，而标记则表示变化临界点。断点的数量由项目的进度和复杂度决定，还有就是，你是否把主断点（布局变化）跟次断点（针对某个元素的变化）放在一起。

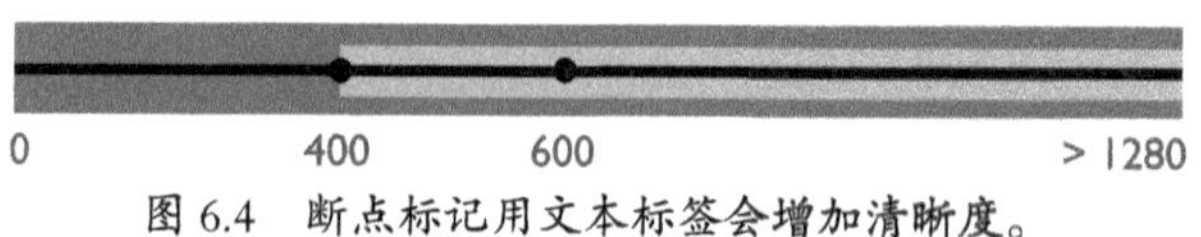

图 6.4　断点标记用文本标签会增加清晰度。

当然，为了更清晰地标记你的断点，你通常会想要包含一个或两个标签说明。

小图片可以用来直观地表明将会发生变化的类型。这虽然增加了图片的尺寸，但是弥补了它在表达方面的劣势。比如，布局变化的缩略图，让读者快速地弄清楚在给定的断点将会发生什么，也可以免除大量文字解释的麻烦（见图 6.5）。

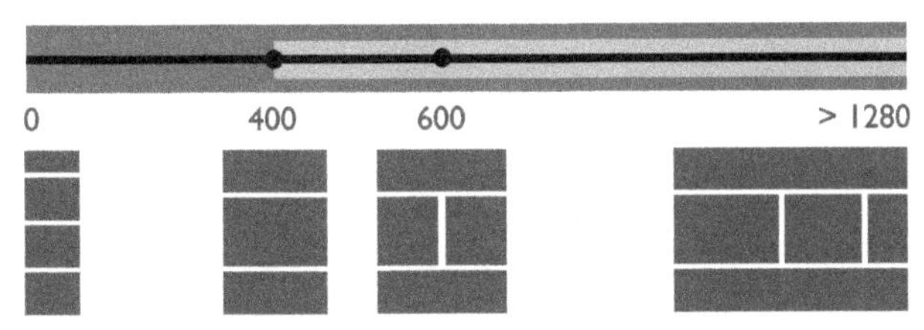

图 6.5 展示布局变化的缩略图。

在实践中，你可以只使用你需要的组件，当然也可以添加一些你自己的组件。但是，尽量让你的断点图保持简单。

在赞美完断点图的优点后，我们接下来要开始制作一个形象的例子。让我们看看如何给本书的网站制作一个简单的断点图。

6.2 创建简单的断点图

如同本书介绍设计流程的每个步骤一样，我建议你顺着例子学习。即使你不打算使用例子中的想法，顺着来也是很有用的，它可以帮助你理解到底发生了什么，让你体验在你自己的项目和工作风格中，一种特定的方法潜在的优点跟缺点。请记住使用工具的规则：使用你感觉最舒服的工具。由于断点图注重视觉效果，一个图片编辑器或者插图应用工具都可以很好地完成任务。如果你喜欢的话，一开始先用笔和纸来做个草图！这是个不错的想法！

当你在设计流程中第一次制作断点图，它主要还是靠你的经验来猜测。而一旦开始网站排版的时候，你可以基于内容的呈现方式进行估算。当处理基于视口宽度（显然跟响应式设计一样）的断点时，我反对从实际设备屏幕的大小入手。在 Jeremy Keith 关于常见断点的文章中写道，“如果我们从一些特定大小的画布（设备）开始，它们往往有很多种尺寸。”由于有如此多不同屏幕尺寸跟比例存在，去匹配传统那几个少数的尺寸是没有意义的。320、480、640…… 这些数字跟任何其他屏幕的宽度比较，没有任何特殊的地方。"

事实上，我们不知道未来人们会使用哪些设备来访问我们的网站。不仅是视口的宽度，还有其他因素，比如各种设备的性能。Keith 后来在同样的文章里总结得很好："我们都为如何确定一个普世的断点而困扰，这是我们对响应式设计的根本性误解：不应该关注断点上发生了什么，而应该关注断点之间会发生什么。"

这也是为什么我倾向于一开始默认地猜测断点在 600px 跟 900px 上。这些值跟特定的设备几乎没有关系。我甚至在实际项目的媒体查询中使用它们，因为它们刚好效果很好。这还是取决于你的项目。通常，我会将值转换为 em（在响应式设计中，更多的考虑将你的刻度设为 em 而不是 px，对你接下来的媒体查询有用。用 px 没有错，但是正确的使用 em 会很有优势）。

继续我们的例子，下面我们基于视口宽度，来创建一个描述主要布局变化的断点图。

首先，画一条横线，确定你的范围。选择你在视口宽度中使用的单位。如果你是用像素，那么横线最左边表示 0 像素。在响应式设计中，最右边的点通常代表最接近无限大的那个断点，比如"大于 1000 像素"或者类似的。

然后，在你觉得有可能成为断点的地方标上一些点。不用害怕出错，因为当你的内容确定后，你肯定会修改这些断点的。所以，或多或少的在你的横线范围内标记上一些点。比如，如果你的范围是从 0px 到大于 1000px，你可以确定一个 500px 的断点，并把你的点标记在横线的中间（见图 6.6）。

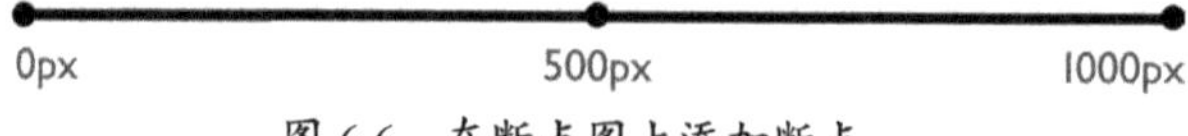

图 6.6 在断点图上添加断点。

很简单对吧？

标记完你的断点后，你需要说明在断点上会有什么改变。毕竟这也是设计文档的一部分！对于这种特定类型的图片，我喜欢基于页面布局模块，用缩略图表示（见图 6.7）。这样的图制作简单，又很容易懂。

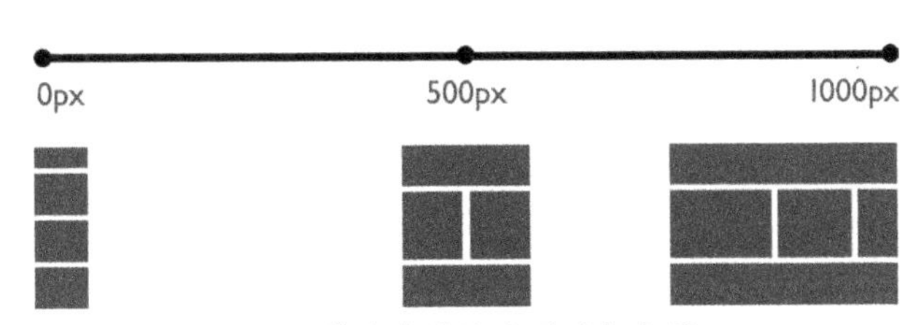

图 6.7　带有布局缩略图的断点图。

这个图就在相对较小的空间里，表达了较多的信息，也没有文字解释或者视觉冗余。对于比较小或不那么复杂的网站，它已经可以满足你了。但是，很多项目往往需要更多的信息。

6.3 主次断点

目前为止，我们只是标记了主断点。在主断点的变化会对整体布局产生相应的影响，比如前面的例子。但可能有很多潜在的次断点。次断点是页面中的元素在某些方面发生了变化，但是页面其他部分保持不变。这是很常见的，在页面仍然足够宽，可以保持一个给定的页面布局，而页面的某一块内容需要从单独一栏切换到多列，相反过来也是一样。或者考虑下这个场景，当展示水平的导航栏的这一列稍微小了点，你必须对导航栏做出调整，可以是更小的类型，或者将它移到 logo 下面，但是保持页面的总体设计不变。

这本书讲的更多是响应式设计流程，而不是响应式的基础知识。流体布局在响应式设计流程中扮演了一个很重要的角色。之前 Jeremy Keith 提到的“重要的是断点之间”，而断点之间的灵活性，往往是通过流动布局来做到的。从几个固定宽度的布局中进行选择就不叫做响应式设计了。

这些次断点也可以被包含在你的断点图里面，但是我建议主次断点之间要在看起来很容易区分（见图 6.8）。

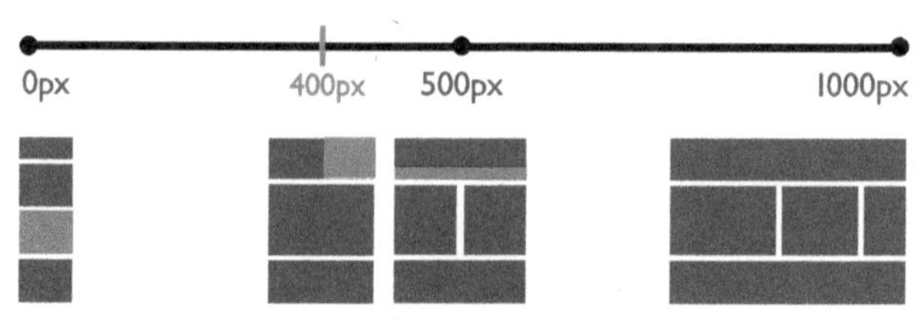

图 6.8 带有次断点的断点图。

还可以使用着色区域来强调主要内容或者功能变化。某些特定情况下，这些着色区域用来强调某个范围是很有用的。比如，我们想要表明某个 CSS 文件，它在任何给定的屏幕宽度都是适用的（见图 6.9）。虽然这是一个很简单的例子，但是区域着色这个方法很好地解决了这个问题。当映射除了宽度相关的很多因素以外的东西，区域着色甚至更有用。

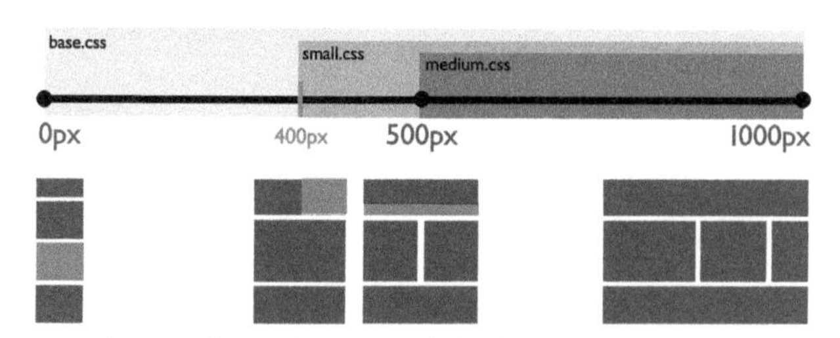

图 6.9 展示哪个 CSS 文件在对应的断点上应用。

6.4 添加更多东西

对于复杂的项目来说，单独一个断点图是不够的。你可以试试，但它会很混乱，这就违背了我们一开始做断点图的目的了。因为断点图只占用了相对较小的位置，所以对于那些复杂的情况，我建议做多几个不同角度的设计，然后将它们叠放在一起。

一个断点图要表达以下基本的东西。

1. 将要产生的变化。

2. 什么状态促发这些变化。

让我们假设，除了布局改变以外，你还想用图表示基于设备性能的变化对应的功能变化。你可以绘制一张图表示布局根据屏幕宽度而变化，用另一张图表示内容根据设备能力而变化。这是一个很好的让断点图之间解耦的方法。下面让我们用一个比较复杂的例子来验证一下。

更复杂的例子：播客播放器

我们假设一下，我们的用户需要发布播客，他想要在他的网站上设置一个播客播放器。音频播放器并不是在什么情况下都能用，但无论如何，这些情况都跟视口的宽度没有任何关系。在这种情况下，我们选择用一张图来表示布局变化，用另一张图来表示对音频播放器的渐进增强。

关于布局的断点图，前面的例子已经讲得很清楚了，所以没必要重复这个过程。让我们谈谈音频播放器。第一眼看上去，你会觉得，对于设计师来说这会有编码技术上的难度。所以一些东西最好是交给开发去做，而你只需设计一个漂亮的音频播放器就可以了。当然，你可以这么做，但是如果你赞同我的观点：应急设计也是设计的一部分，那就继续往下读吧。

这个例子里，我们将把断点图作为一个工具，来思考跟计划音频播放器的渐进增强模式。当完成断点图时，我们也就有了完成文档的思路了。

跟以往一样，考虑约束条件很重要。在这个例子里面，用户只有 MP3 文件，而且他不想要把它们转换成其他格式。同时，整个项目团队跟用户优先考虑使用 HTML5Audio、Flash 或者 Silverlight 播放器作为降级选择。

让我们思考一下下面这些状况。

1. 当一些设备/浏览器不支持HTML5 audio，也不支持Flash或者Silverlight。对于这些，你可能喜欢向用户展示一个下载链接按钮。当用户点击的时候，大部分设备会询问用户，用什么方式跟应用打开下载的文件，并提供设备的默认播放器作为选择。另外一些设备会根据设置，自动在默认的播放器里面打开MP3文件。这将会是你的基本功能，链接在任何支持HTML的地方都能打开。这种方案也可以应用在支持HTML5 audio但是不支持MP3格式的场景下。

2. 当一些浏览器支持Flash或者Silverlight，但是不支持HTML5 audio时（或者支持HTML5 audio但是不支持MP3格式），我们将使用Flash或者Silverlight播放器。我们一般通过JavaScript来决定使用某种技术，一般会先假设支持HTML5 audio，不支持则判断是否支持Flash或者Silverlight。

3. 当浏览器同时支持HTML5audio和MP3格式的播放。那么就可以使用我们最佳的HTML5播放器。

现在，你可以简单的用笔写下来，但是我只是写下来而已，我的头脑中还是很难对整个流程有一个印象，更何况是客户。你可以做一个流程图，但那样子就不是很酷了。前面你已经用一个断点图来表示你的布局变化，那现在学着创建一个表示音频播放器的，对于任何渐进增强的模式都可以用这种方法来可视化。

要画这张断点图，首先画一条横线。这一次的横线代表的范围是从“最低能力的浏览器”到“最高能力的浏览器”，最低能力的应用访问默认链接/按钮，最高能力的应用HTML5 audio播放器。在你将断点标记插进去之前，添加一些矩形的定性范围，用来表示设备对功能或特性的支持。

这些范围是什么呢？其一，除了那个普通的下载按钮（见图6.10），JavaScript对于你能想到的每一个选择来说都是需要的。同样的，支持MP3

播放也是必须的，除了那个按钮。

图 6.10 包含下载按钮的基本功能，而当 JavaScript 可用时会被替代。

接下来，标出支持 Flash 或者 Silverlight 的范围。最后，标出浏览器支持 HTML5 audio MP3 播放的范围（见图 6.11）。

图 6.11 带有能力范围的断点图。

标记完这些区域，你就很容易的标记出断点了。它们出现在各个区域的开始和结束位置。为了添加视觉上的直观性，你可以添加一些小图片，用来说明音频在这些断点将会被如何处理（见图 6.12）。

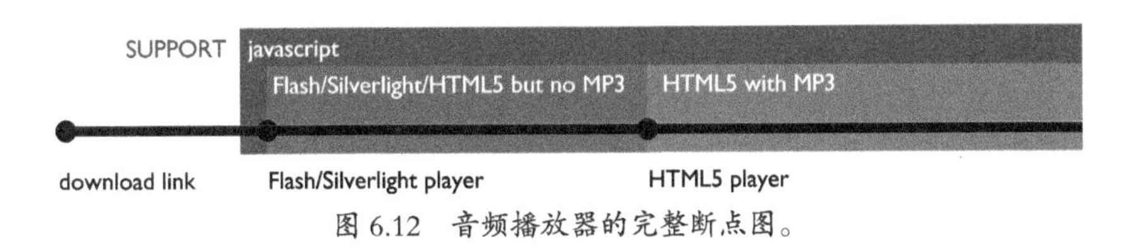

图 6.12 音频播放器的完整断点图。

这就是一个 HTML5 audio 播放器的渐进增强模式的视觉图。尽管它跟屏幕宽度和布局没有关系，它也是关于响应式的，还有更多断点，尽管它们跟布局完全没有关系。与用文本描述你如何在特定情况下处理音频播放器相比，这明显清晰很多。除此之外，这个视觉图鼓励你从可访问性的角度考虑去设计，并且可以提醒一些你没有考虑到的意外。

6.5 总结

在这一章中，我们讨论了什么是断点图以及如何绘制断点图，包含了以下部分。

- 文档的重要性。
- 视觉引导在文档中的重要性。
- 断点是什么。
- 什么是断点图以及组成一个断点图的组件。
- 主次断点的不同。
- 如何创建一个断点图，来可视化基于各种视口宽度的布局变化。
- 如何利用断点图来可视化跟布局无关的渐进增强模式，比如设备的能力。

现在，你已经估计出你的断点（有可能基于你的设计草图和原始框架），并且重新过了一遍所有关于布局和其他设置的具体断点。下一章，我们将介绍工作流程中一个简短的步骤。你会将你的线性设计跟原始框架结合起来，用来分析你估计的断点的可行性，同时准备创建基于 Web 的原型图。

所以，准备回到 HTML 和 CSS 的世界吧。

第 7 章

为断点而设计

到目前为止，本书介绍的工作流程的目的是引导你进行创作。流程只是给你一个合适的创作空间，引导你进行创作，但并不能直接给你一个创意。

假如你是一个视觉设计师，现阶段我们得开始输出作品了。这个流程还是跟你以往做的一样：草稿，搬到 Photoshop 上，再将它们打印、裁剪成一张张纸片，在桌子上重新排版，最后将满意的排版重现在另一张在白板上。重复以上过程，直到自己、老板和客户都满意为止。

就像 Jeremy keith 所说的那样，你将会尝试在各种断点上应用你的设计方案，不断思考你的设计在断点之间会发生什么变化。

在学习线性设计时，我们画了一些线性设计的草图。如果你还画了适应大屏幕的草图，那就太好了。假如你只针对线性设计或者小屏幕设计画了些草图，然后直到现在还没有为不同的断点设计草图，那也没关系。就个人而言，我更倾向于后者，它能让我更平滑地进入视觉设计过程。

让我们开始吧！

7.1 首先，关于草图的一点点东西

我认为素描是视觉设计师最重要的一项看家本领。好的灵感的产生就像玩一个数字游戏：你画的草图越多，就有更大的机会找到高质量的解决方案。我很相信这句话，对于每一个设计项目，我都要画大量的草图。或许可以这么说，那些做得很烂的设计项目，很有可能是因为画的草图太少了。

你可能很快就能完成你的第一批草图。也许你可以在 15 分钟内画上百张迷你图。但是快并不是素描的重点，重点是：素描是一个思考的过程。其实这是一个很随意的过程，因为你不需要把这个过程的所有草图给别人看，

而只用选择一个自己最满意的给他们。画得越多，创意就越多，所以我永远不会嫌多。想想那些很有创意的人，其实他们的灵感很多都是素描的时候迸发出来的。

7.1.1 如何素描

素描没有固定的规则。在 Photoshop 普及前，我认识的很多人都用专业的、质量很好的彩色马克笔来做广告设计。我知道一些设计师会把一切都绘画成故事画或连环画风格，有的人使用水彩，有的人直接使用 Photoshop，有的人使用鼠标，也有的人使用画板。

采用什么工具和形式并不重要，重要的是它帮助你充分地表达出你的创意。只有这样，其他人才可以更高效地基于你的草图进行工作。当然，如果那个人是你自己，那你只需要知道你画了什么就够了。

在工作中，我发现有些不错的方法。我画响应式设计流程草图时喜欢从抽象到具体。如果你是一名设计师，你应该很熟悉这些方法。

1. 开始先画一些小的，不考虑细节的迷你图。
2. 挑选出能代表你的想法的迷你图，准备挖掘更多细节。
3. 挖掘迷你图的细节，做出粗略图。
4. 选择最好的粗略图。

1. 迷你图：数量决定一切

迷你图通常都很小，能够快速扩展我们的思维（见图 7.1）。迷你图要做得足够小，这样你即使想画得更详细点也不可能。画迷你图要尽可能快。它们相当于是设计师个人的头脑风暴，除了速度，数量很重要。我们常听说，产生的想法越多，这些想法的质量也就更高。假设这个命题成立，那很可能是因为你有大量的设计草案，说明你已经考虑了大量的可能性，并且筛选掉了那些老套的想法（你脑海中的第一个想法很可能也是其他人一下子就想到的），最终万里挑一选出了最优的设计。这个过程对你的设计有益无害。

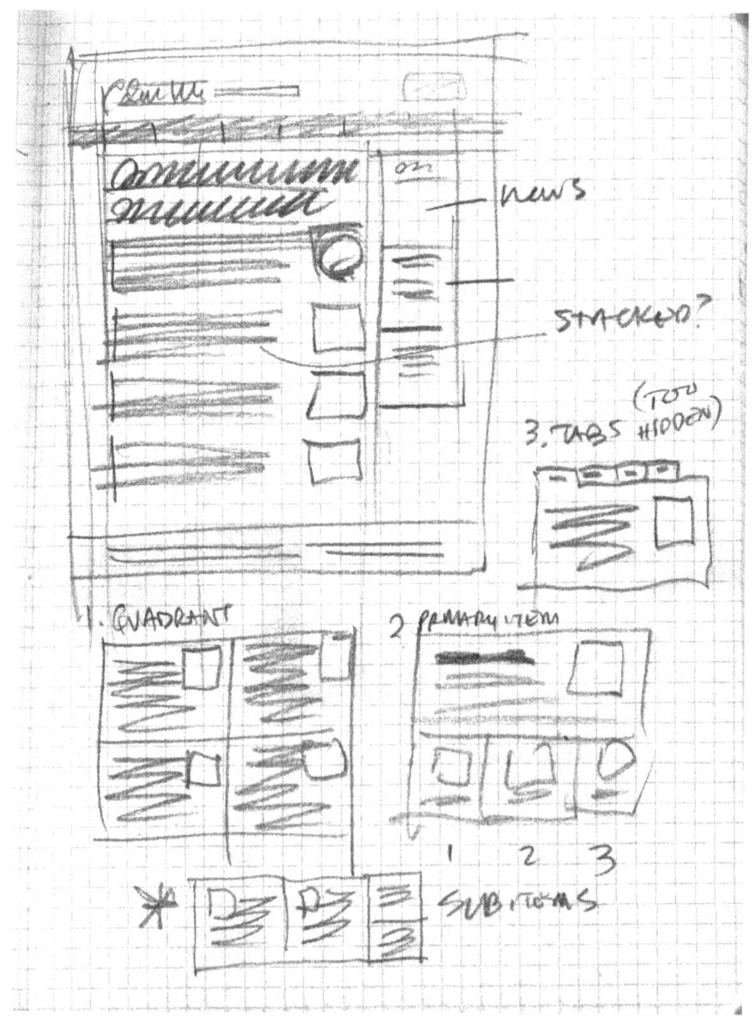

图 7.1　迷你图素描是快速发掘想法的绝佳方法。

与传统方法不同，自己头脑风暴比众人的头脑风暴更有效。你不用担心产生的想法不够好。迷你图只是一个设计工具，不是最终交付成果，所以不用画得那么好看。我一般都画得很烂，而且大部分素描当天就被我扔到垃圾箱里了。它们仅仅代表你最初的想法，所以不需要拿它们为难自己。这就像一个时装摄影师：他会拍很多照片，但是大部分都不过关。但是拍得越多，就越有可能选到好的照片。

任何看起来疯狂或不切实际的想法都行，因为它们有可能引出更让人激动，有创意的想法。但你要在数量和速度之间找到平衡。我通常都会挑战自己，试图在一分钟内画 20 张迷你图，但这太难了，我没有成功过。但是这种方法能让我保持较快的节奏。如果觉得太快了，你可以用 5 分钟画 20 张图。迷你图不用太复杂，只需要让你下次看到它的时候能记起你的想法就可以了。但也不要画完 20 张迷你图就停下来，一直画下去，直到想不出任何想法。

你应该画什么呢？基本上是任何你能想出来的东西。个人建议分组画，每一组专注于相同的设计组件上面。如果你正在考虑布局，那么尽你所能画出你能想出来的所有关于布局的迷你图。这种方法也适用于基本的概念，比如颜色、字体等任何需要起草稿的东西。在画粗略图的时候，你可以将这些组件组合起来。但是不要画一组迷你图，而是 5 种布局、5 种字体、5 种颜色和 5 种图片。

不要在一个迷你图上花费 15 分钟以上的时间，而应该利用这些时间尽可能画更多的图。和做俯卧撑一样，最后的想法才是最费力的，最难想到的，但它们有很大的价值。

不管你用的是圆珠笔、水笔、电脑触笔、刷子、铅笔、纸、纸巾、画布、白板或者桌子，这些都不重要。只要这些东西对于纪录你的想法有用，而不是给你添乱就好。真的，工具不重要，想法才是最重要的。

如果需要的话，随意标注你的迷你图，但是要快，不要添加太多。

2. 作出选择

完成迷你图之后，我们要开始做选择。我一般会选最能代表我的想法的 3 个迷你图。为什么是 3 个呢？因为少于 3 个不能提供足够的空间去深入挖掘，种类也不够，而 3 个以上的话，则需要更多的时间去优化它们。所以 3 个是最好的选择。如果后面你发现这 3 张都没有价值，那就重新去挑选 3 张。

当你选到了满意的迷你图后，对每一张图都认真思考一会。是不是还要加一些注释？是否需要记录一些对你后续进行详细设计的提示？及时地把它们写下来，或记录在草图上。

3. 画粗略图：虽然还只是粗略的印象，但是质量是关键

下一步，基于选出来的的迷你图，做进一步细化，画粗略图（见图 7.2）。粗略图比迷你更大，更详细。我倾向于用整张 A4 画一张粗略图，留下足够的边缘空间用来注释。不要害怕写注释：记下那些任何你打算深入探索的，或任何你不想丢失的想法。

你不需要把粗略图中的文字画出来，尽管你可能觉得大标题跟导航文字很重要。通常粗略图有更多的细节，这需要我们会更多地使用阴影去表示色差、背景或者其他需要产生对比的地方。因为考虑了更多的细节，所以粗略图的质量要比迷你图更重要：你将会把它作为团队沟通的工具，并一起选择一个作为最终模型，如图 7.2 所示。

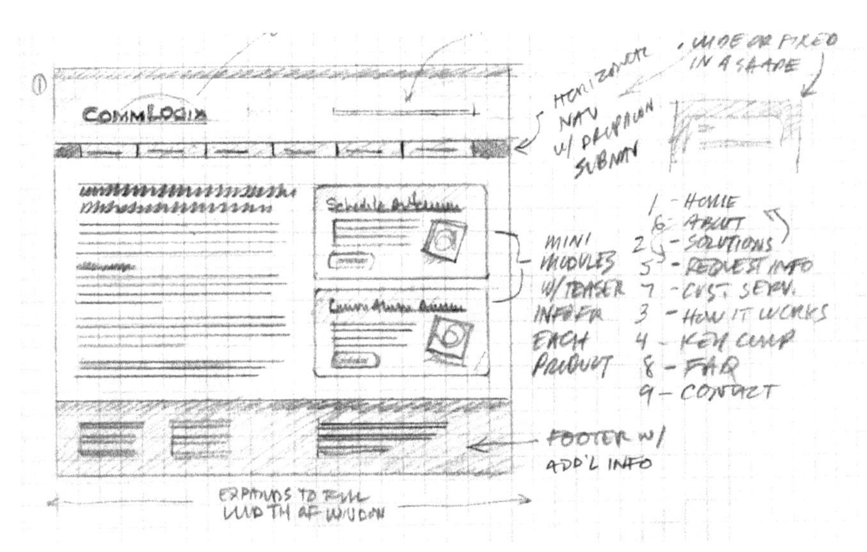

图 7.2 粗略图比迷你图更进一步，深入挖掘更多的想法。

还有，每个人素描风格都不一样，最主要是让大家容易理解你想表达的意思，将你的核心信息传递给看的人，至于画成什么并不重要。

4. 基于最好的粗略图来排版

几年前，我学会了结合打印以及绘制出来的图像进行排版。其实这个过程有点像拼图，但是更加严谨。现在基本都用电脑来排版了。排版好比建筑师最初搭建的比例模型，好比雕塑家雕刻前预备的雕塑模型。通过排版这种方式可以降低成本，快速的展现一个较为真实的效果。

我们稍后在下一章会讨论响应式设计的交付品——基于网络的设计稿——跟传统流程中的排版有什么区别。

7.1.2 在设备上素描

由于我们是做响应式设计，我建议直接在一些设备上画粗略图（见图 7.3）。有很多的应用（包括免费的）可以为你创建一张空白的画布，让你在上面快速画出你的构思。你还可以将你画的东西作为图片直接导入到你的 Web 模型，或者结合其他 UI 做更详细的排版。在设备上素描会驱动你去调整各个元素（比如按钮）的大小、颜色、布局等，并且快速地看到调整效果。

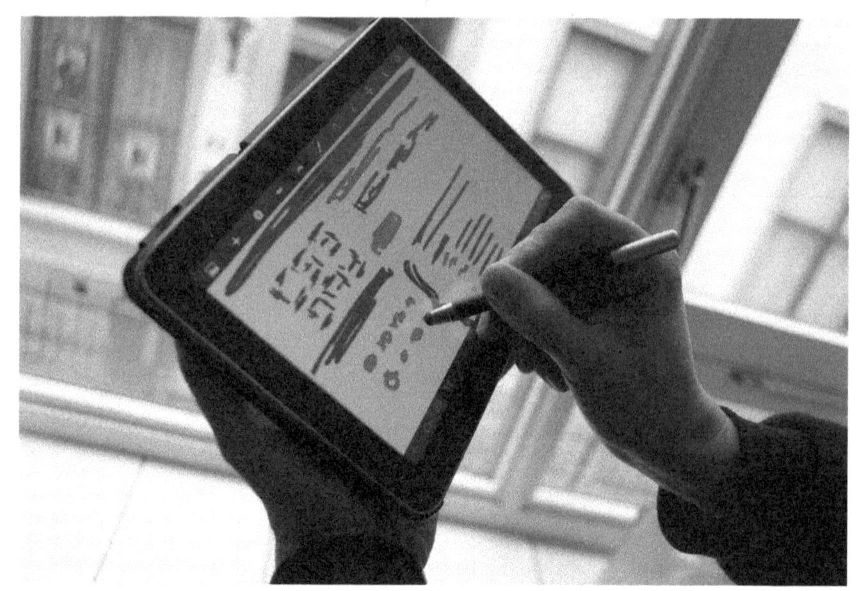

图 7.3 在设备上做草图要多关注元素的大小和空间。

有很长一段时间，我是用手指在设备上画东西的。后来 Stephanie Rieger 建议我用触屏笔，于是找到跟以前在纸上画一样的感觉。用触屏笔还是不错的，如果没有就买一个吧。

在设备上素描还有一个好处就是，你可以将它们导出来，作为你页面的背景（见图 7.4）。我就喜欢用 CSS 把迷你图作为页面背景，然后开始按照它进行布局，考虑根据屏幕分辨率变化作出对应调整。把草图作为背景，方便你用 HTML/CSS 还原草图里面元素的大小（比如按钮）。

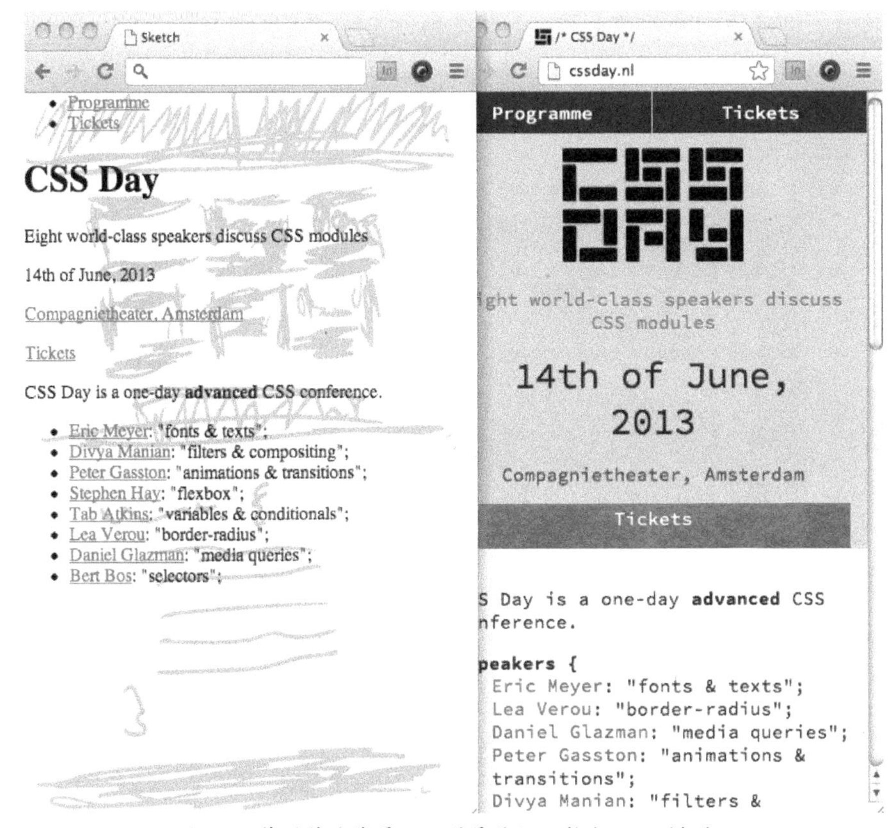

图 7.4　草图作为背景可以引导你细化整个 Web 模型。

7.1.3　养成素描的习惯

很多推崇草图的设计师都是把素描当做一个习惯。例如《Sketchnote Handbook》的作者 Mike Rohde，素描对于他来说是一种生活方式。Rohde 在网站里有一篇文章“草图：强大的视觉思考工具”，它详细地解释了为什么需要坚持素描。他还强调了草图是一个思维工具而非艺术作品。正如他在文章中写道：“丑点没关系，只要能把事情搞定就行了。”

像 Rohde 和 Danny Gregory 一样的艺术家们，他们是把日记当做草图来记录的，但你不一定要学他们 。你可以在做 Web 设计的时候，养成素描的习惯。这能让你开始在电脑上工作之前，去思考各种各样的可能性，挖掘出新的创意。

去试试看吧！

图 7.5　Mike Rohde 提倡把草图作为辅助思考的工具。

7.2　专注于主断点

Jeremy Keith 提到："断点之间的状态跟断点时的状态本身一样重要——甚至更重要。" 我同意这个观点，但我们确实需要从某个断点开始设计。这过程让我想起了画故事板（storyboarding），就是先创建动画关键帧，之后再填补关键帧之间的过渡帧。接下来我们讨论下如何专注设计主断点。

假设你从迷你图中选了 3 个设计方向。先想象一下主断点的状态（见图 7.6）。这里的关键是：主断点应该尽可能少。你也许不太同意，因为利用媒体查询可以做到无数个断点。断点是多多益善的吗？ 不！ 如果一个线性布局适用于所有的屏幕，而且满足你的需求，那么就不需要不同布局了。在这种情况下，简单描述屏幕宽度变大会怎样就好了。比如，是不是只有字体大小、行高和边距发生变化，而其他大部分元素位置不会改变？如果是这样的话，那就把它们画在草图上吧。先画迷你图，看看有哪些可行方案，然后细化它们，画出更详细的草图。先用断点图做设计导向，再根据你估算的断点来素描。

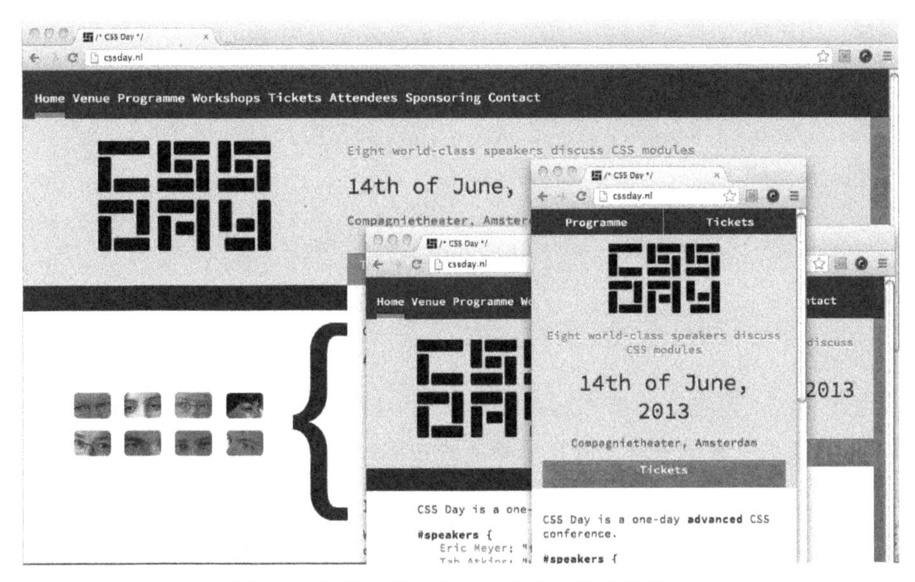

图 7.6　大部分网站都只需要很少的主断点。

当设计主断点的时候，记得要考虑设备的类别。比如，你需要考虑智能手机、平板电脑、笔记本 / 台式机、电视和游戏机等，而不是考虑品牌名称和操作系统。有时候，这样做是为了考虑通用设备的性能，并给它们进行分类。在设计 Web 应用程序的时候，性能是很重要的因素，因为你要考虑设备在支持和不支持某种特性的情况下效果分别是什么。

主断点的粗略图可以帮你确定以下的问题。

- 是否需要更多主断点。
- 哪一个设计方案是最费力的，这样你可以根据时间、预算选择最佳设计方案。
- 是否某个类型的设备被忽略了，或者需要进一步考虑。
- 用什么技术来实现响应式设计。

那么，应该什么时候，从哪里开始画有更多小断点的草图呢？答案是在浏览器中搭建 Web 基础模型的时候，这个在下一章会详细介绍。本章我们先专注于主断点，看看如何设计主断点以及断点间 Web 页面或者 App 屏幕的布局状况。

这里，你不需要担心所猜想的初始化断点不起什么作用，它们只是作为你的一个开始的切入点，你完全可以对你的草图做任意的修改。在做草图的时候，你会发现需要添加更多的断点，然后将它们加到断点图中。这是一个循环的过程：发现、学习和迭代。

7.3 素描的时候仔细思考内容

素描的时候，你肯定会思考它看起来是什么样子的。我的经验是，这种类型的 UI 草图应该围绕着元素在屏幕上的布局来设计。素描的时候不断地思考内容，以及各种情况下内容的变化，是一种有效的方式。当做响应式设计的时候，下面这些内容需要着重思考。

- 文本
- 导航栏
- 表格

当然，你还有很多东西需要考虑，最终根据这些需要后续详细思考的部分作出你的项目排期表。现在，让我们先关注上面列出来的那三点。

7.3.1 文本

你可能会反问，“你不是说素描的时候，不需要绘制文本吗”。其实素描的时候有几个与文本有关的问题需要考虑：每一列的宽度（列宽）和文本大小，两者都和屏幕的比例，以及页面其他元素有关。

列宽是很明显的，但你很难估计具体文本放到一行里究竟需要多宽。这种情况下，在设备上画可能会让你更清楚你需要的空间。我用过的另一种方法是，简单地做一个仅仅包含文本的 HTML 页面，在设备的浏览器中加载它（或者是模拟器，虽然它不是最好的方法，但比在纸上，它可以给我们更真实的印象）。你可以通过控制字体大小来调整文本元素的大小，这样你的草图将更贴近实际效果。

还需要考虑链接的大小，不仅仅是链接文字的大小，它周围的可点击空间也是要考虑的。因为可触碰区域跟可点击区域是对链接和按钮很重要，特别是较小的链接，用户有时很难点到它。较大的链接或者按钮更容易点击，不过小一点但周围有足够的可点区域也是可以的。也就是说，无论你的草图画的是怎样，你都有机会在 Web 模型阶段调整你的设计。

这就是我喜欢画草图的原因：反正最终都会在浏览器中去润色最终的设计，那么我就可以在草图上快速素描，而不用在细节上做两遍重复的工作。

7.3.2 导航

在设备上素描另一个典型的东西就是导航了。它跟链接一样存在大小的问题，必须注意它的可点击区域，但是对于各种各样的设备，还有更多需要你考虑的设计问题。这也意味着在某些断点，导航栏有可能会有显著的变化。

我们先回顾一下之前 Bryan Riger 设计文本的方法。然后重新思考一下，在只有简单的 HTML 跟 CSS，而不能用 JavaScript 的情况下你应该怎么做。这意味着，当用户点击它的时候，你不能让导航栏收缩到屏幕顶部，或者向下移动。如果它放置在顶部，那么出现下拉菜单的时候也会占据垂直区域的空间。

这是一个有争议的话题，甚至可访问性的专家都没有达成一致：JavaScript 毕竟是增强可用性的一种技术。但这里不只涉及可用性，它还是一种思维方式：假设浏览器不支持 JavaScript，或者它的支持程度没有你预期的那么好。这时浏览器都会呈现 JavaScript 没有生效前的状态，所以为什么不考虑初始状态是怎么样的呢？

在线框图那一章，我讲了在最小屏幕上设计导航栏首选的模式：将它放置在屏幕底部，并在顶部提供一个指向导航栏的链接。当设备的 JavaScript 支持情况达到我们预期时，可以将导航移动到顶部，以及创建对应的下拉菜单。

这只是一种设计模式，究竟如何处理最小屏幕还是取决于你的项目。假如我的导航栏只有几个链接，那我很可能直接将它们放置在顶部，而且在每个断点它都没有变化。

记住，JavaScript 和 CSS 可以让你对整个页面进行重排。也就是说允许你先设计一个的普通的 HTML 页面，然后在运行平台支持的情况下，使用 JavaScript 和 CSS 来使它的样式交互更合理。这就是渐进增强模式的本质。

7.3.3 表格

针对表格做响应式设计是很痛苦的，它在小屏幕上很难处理。我想告诉你所有的答案，但同时我也会抛出一堆问题给你。希望这些都能引导你找到一个解决方案，而且在素描的时候确实应该多思考这些问题。

首先，你要设计的是哪种类型的表格？窄的？宽的？用数值表示的？用文本表示的？你的内容清单应该给你足够的信息来解决这些问题。一旦开始考虑这些问题，你可以尝试将表格按下面这些类别进行分类（见图 7.7）。

- 小屏幕友好型表格：正因为它们足够小，所以它们本身就能很好地适应大部分的小屏幕。
- 模块化表格：你可以通过改变 CSS，让表格的每一行看起来就像列表的其中一块（见图 7.8）。
- 数字字母表：可以将表格数据转换为字符、图表或者其他占据更少空间的可视化的东西。
- 难处理的表格：对付难处理的表格，你需要针对它们制定不同的计划，有时还是要视具体情况而定。这些都不是我们喜欢的，但不幸的是，我们的朋友跟客户都喜欢 Excel 表。

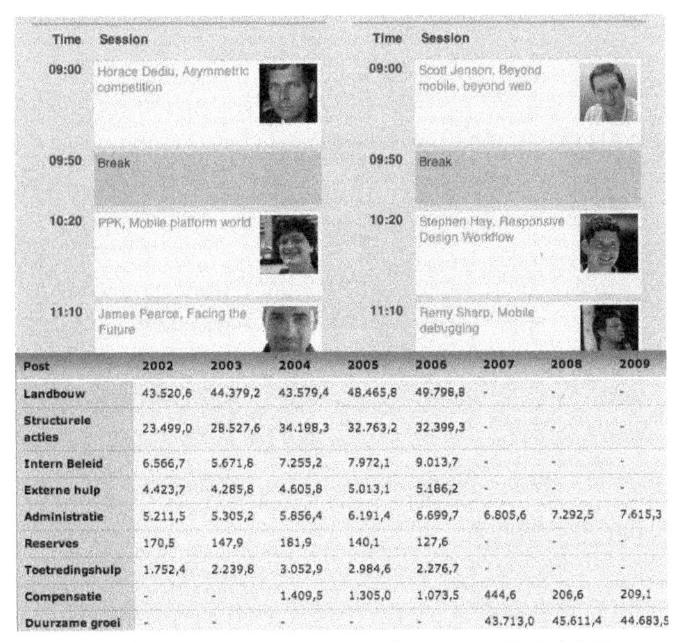

Post	2002	2003	2004	2005	2006	2007	2008	2009
Landbouw	43.520,6	44.379,2	43.579,4	48.465,8	49.798,8	-	-	-
Structurele acties	23.499,0	28.527,6	34.198,3	32.763,2	32.399,3	-	-	-
Intern Beleid	6.566,7	5.671,8	7.255,2	7.972,1	9.013,7	-	-	-
Externe hulp	4.423,7	4.285,8	4.605,8	5.013,1	5.186,2	-	-	-
Administratie	5.211,5	5.305,2	5.856,4	6.191,4	6.699,7	6.805,6	7.292,5	7.615,3
Reserves	170,5	147,9	181,9	140,1	127,6	-	-	-
Toetredingshulp	1.752,4	2.239,8	3.052,9	2.984,6	2.276,7	-	-	-
Compensatie	-	-	1.409,5	1.305,0	1.073,5	444,6	206,6	209,1
Duurzame groei	-	-	-	-	-	43.713,0	45.611,4	44.683,5

图 7.7 在小屏幕上用不同的方法来处理不同类型的表格。

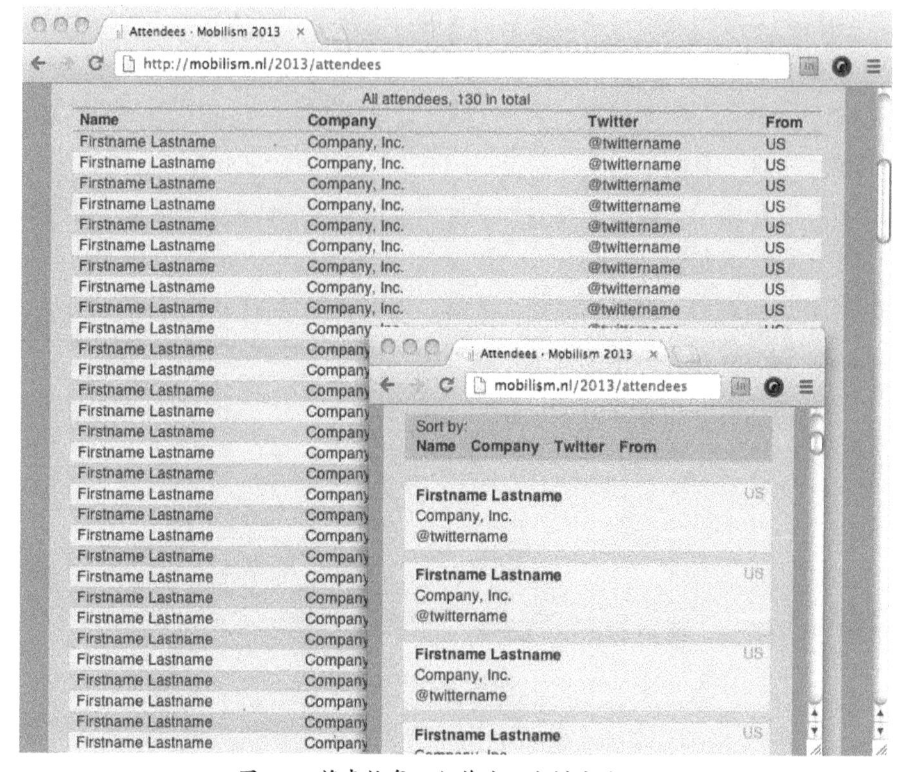

图 7.8　将表格每一行作为一个模块处理。

再重新按照渐进增强的模式思考，先基本地设计出整个表，这样用户得通过滚动来查看全部内容。在此之上，我们可以使用 CSS 和 JavaScript 来添加一些效果。对于模块化表格可以通过 CSS 来模块化，数字字母表则可以通过 JavaScript 来绘制图表。

很多设计师和开发者都尝试了许多不同的表格，从简单的让表格可以自己滚动，到可以交换地查看不同行列。

有趣的是，你在小屏幕上做的，在大屏幕上不一定需要。这也是为什么现在你只需要花少量的时间画下草图，然后思考每个断点该做什么就可以了。

7.4 当你没有灵感的时候怎么办

每一个设计师都会在某些时候没有灵感，这没什么大不了的。有无数种方法去处理这个问题，你可以先尝试问自己“假如……将会怎么样”这样的问题（我经常这样问自己：假如不用表格，用一个列表如何？），实在不行的话可以冲个澡放松一下。这一章我们专注于草图的原因是，素描的过程能够刺激大脑想出更多的想法，而大量的素描能逼自己一把，而不是草草了事。

如果你很缺乏灵感，有很多书和资源挖掘出你的创意潜能。虽然有很多设计和创意本身的资源可以利用（试试 Edward de Bono 的经典作品《Lateral Thinking》），触发伟大灵感的东西也可以来自于设计领域外。尝试将通常不会关联在一起的东西结合在一起，往往会有意想不到的惊喜。这仅仅是一个小技巧，但是我经常用 Brian Eno 和 Peter Schmidt 的斜策略（Oblique Strategies）迫使自己去用不同的方法。好的话可以得到很好的创意，不好的话也会很有趣。

如果你不知道如何处理响应式设计的一些东西，完全可以去搜一下，看看别人遇到类似的问题时是怎样处理的。一定要使用你的创新能力，尝试将一些想法结合起来，找到你自己的最佳状态；毕竟，你是一个设计师。第一次写本书的时候，我发现 Brad Forst 的《This is Responsive》一书收集了非常全的响应式设计的模式和资源。你可以花几个小时去大致浏览一下，肯定能从中发现一些东西让你走出困境。

所以不管怎样，你应该已经完成你的草图了吧？太好了！放松点，毕竟这是很难的一部分。下一章，你要开始写一些代码了。

第 8 章

创建 Web 设计模型

我对静态模型的看法是：它们对响应式设计并不实用。静态模型的可扩展性差，一旦你有一个静态模型，再创建一个时间跟成本都将会加倍。我们应该用技术去自动修改需要变化的地方，而不是用手工去实现。

举个例子，如果用户要求将你的所有标题的字体大小都改动。要做到这一点，你得在 Photoshop 中去增加每个标题的大小，还要调整它们周边的边距。你也许还需要改变其他文本或图片的位置来适应调整后的标题，并且要将文档对象变得更大来让所有元素都适应。当完成这些改变后，你还需要在手机和平板的版本上做同样的改变，想想就让人崩溃。

现在打开 CSS 文件，改变标题的样式并保存，并在手机浏览器打开这个独立的网页。想象一下，你在智能手机打开的同一个页面，然后神奇地看到这些改动都应用到了你的手机上。仅凭这个优点，就足以让你抛弃图像编辑器，改为使用基于 Web 模型进行响应式设计。如果你选择这样的方式，你将会发现更多的优势。

本书的所有内容都在教你如何创建一个基于 Web 的模型。你已经在第一时间将关键内容添加到浏览器中。你也已经在浏览器创建了响应式线框图，线性设计。你也为各种断点进行了头脑风暴，画了草图，细化很多设计方案。现在，你需要将这些努力成果结合在一起，创建一个工作原型。一旦原型创建完毕，你可以进一步优化上一章通过 CSS 可视化的草图。从那一刻起，你的所有修改将可以在浏览器中完成，每个变更都可以通过版本控制追踪到。你还是可以发挥你的创意，对任何设计及变更画草图，确定设计稿后，再将它们用 CSS 表现到页面上。但实际效果还得在浏览器上才能展现。你可以利用一些开发工具提升效率，为创建自动更新的设计文档奠定基础（下面我们将进行讨论）。最重要的是，用清醒的头脑处理这些变更。

8.1 跨越障碍

因为面对任何设计变更，都需要用一种新的工作方式去调整，让项目成员更好地接受变更。变更的结果也许是很赞的，但这些都需要流程推动成功才看得到。

8.1.1 客户不关心

客户完全不在乎你用什么工具，他只在乎你有没有把工作做好。他们不会看到从 Photoshop 做出来的设计稿和从浏览器截下来的图片之间的差异，除了后者更具真实感，因为它们是设计稿在浏览器中的实际效果。不再有一开始给客户很漂亮的图片，后续又做出很多更改。不再有跟客户签署了协议，却因为浏览器渲染差异而给客户恼人的意外。

> “用 XHTML / CSS 做出来的静态页面向用户展示，而不是静态的 Photoshop 或者 Fireworks，这也有利于我们合理安排工作流程，也不会让真实效果跟用户的期待效果有很大的差别。“
>
> ——安迪 • 克拉克

这一切听起来不错，但当你做基于 Web 的模型的时候，至少在它们变成标准之前，你仍然会遇到一些障碍。像往常一样，最大的问题是人的问题，他们对这种方法的反感会让你很失望。有两种类型的人，除了客户，他们的反感可能使这种方法具有挑战性。

1. 其他的人
2. 你自己

让我们一起检验这个问题。

8.1.2 其他的人

其他人，比如项目经理、开发，或者其他人可能不希望抛弃旧的瀑布流交付成果，转而支持迭代交付成果。毕竟，有些人希望先有一个线框图，可以看到细节。一些开发害怕其他人做 HTML 和 CSS 的工作，尽管对他们没什么影响。

不久前，我受邀指导设计的一个大型政府网站，同时，另一家公司负责完成内容管理系统，以及将设计稿转换成 HTML / CSS 模板。他们想要 Photoshop 模板，我说没有（我费了不少口舌），我给了他们用 HTML、CSS，以及少量 JavaScript 写的基于 Web 的原型。他们不知道怎么处理它们，我们之间的对话是这样的。

“这需要很多的时间来做；我们不能用你的标记和 CSS。我们的 CMS 输出的标记跟你的不一样。”

“你不需要使用我的标记。我只是用它们来创建 Web 原型。我不是创造模板，但你可以随便用。”

“但我们需要更多的工作量。”

“为什么需要更多工作量，你确定？你通常如何将 PSD 文件转换成 HTML 和 CSS 的？”

“我们测量所需的数据，分割图片是必要的。”

切片。老方法了。所以，就像现在大多数前端工程师所做的，他们使用取色器得到颜色值，用尺子测量边距。他们选中文本，从文本面板中获取他们想要用于 CSS 的数据。

“所以我已经把你需要的图片给了你，你想要的测量数据在我的 CSS 文件里面也都有，都帮你准备好了。这怎么会增加你的工作量呢？”

“嗯，好吧，可能真的不需要更多工作量。但它也不会少。”

有道理。过去几年，我和好几个开发人员讨论过这个。他们都是 Web 专家，但同样拒绝改变。事实是一旦你习惯了这种交付成果，它们将会更节省时间。这是实践的问题。至少他们赞同这个流程。大胆地尝试一些新的事物，有可能帮助你改善很多事情，这是很重要的。

8.1.3 你自己

尽管其他人可能是你去尝试新事物的障碍，我经常会遇到很多害怕这个流程的设计师和开发者。这些 Web 设计师就像从没吃过沙拉而说他不喜欢沙拉的孩子。最终他们都爱上了沙拉。

如果你是视觉或者交互设计师，很少有写代码的经验，这本书可能还真有点吓到你了。需要明确的是，我让你学习 HTML 和 CSS，作为你的设计辅助工具，它跟你使用的 Photoshop 或者 GIMP 等矢量绘图软件是差不多的（见图 8.1）。我希望你使用一些简单的文本编辑器，以及一些简单的、容易编写的，在你电脑终端模拟器上运行的命令行。

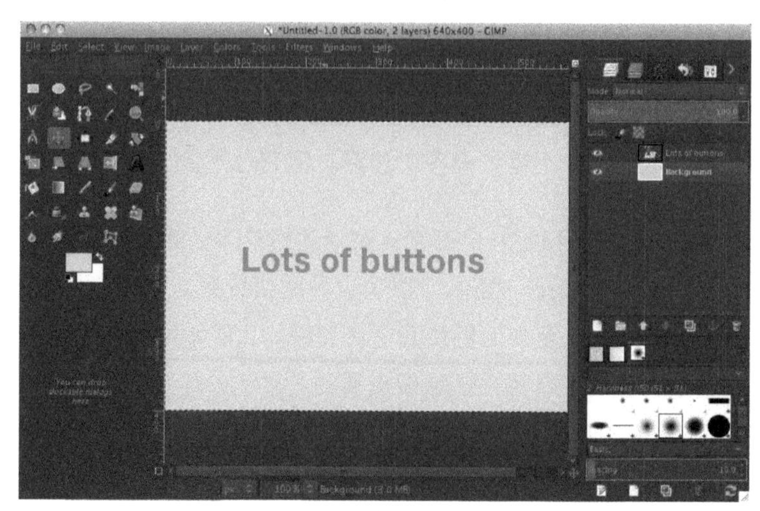

图 8.1　相当复杂的图片编辑器。

对一些人来说，这太恐怖了，毕竟你不是搞技术的。你很富创造力。你真的搞不来技术吗？还记得 Photoshop 和那些调色板吗？那么多选项、按钮，看起来就像是浴室。Photoshop 是一个超级强大的应用程序。你应该知道如何通过色阶和曲线去调节颜色。你使用网格布局，通过层去操作各个对象，通过通道去编辑颜色。你可以通过一两行 CSS 代码，实现很多效果，比如不一样的边框和阴影。你应该知道色彩空间和色彩理论。实际上，《Photoshop Lab 修色圣典》整本书都在讲 Photoshop Lab 的色彩空间。所以，你觉得那些很基础的 HTML 和 CSS 是很深的技术吗？快行动起来吧。书刊设计师都知道纸张和油墨甚至网点扩大等很多知识。在交付给设计师前，他们做的印前检查都是很有技术含量的。你可以不到一个小时内记住大多数常见的 HTML 元素，再花一个小时学习基础的 CSS 样式。但你可能要花好几天事件去理清楚像 Photoshop 这样复杂的图像处理程序，再花几个月甚至几年来精通。

不可否认，高级的 HTML 和 CSS 需要你数年时间去精通，而且官方的版本也一直在变动。但这就是 Web 设计，你了解得更多，就能更好地帮助你在 Web 上实现你的想法。这就像你使用其他工具一样，比如乐器。你只需要知道怎么玩就好了，一开始不需要你去关心音符的事情，那会花掉你很多时间。我能保证学 HTML 和 CSS（如果你已经了解过），甚至一部分 JavaScript，不会花费你很多时间的。不管什么情况，了解制作网页的知识越多，你就越有把握去跟你的客户还有相关人员沟通，就能花更少的时间去修改数十甚至数百的分层图片。

我说的重点是，你的能力已经足够了。你完全能去应付这些技术性的东西。不是让你成为程序员。如果你已经会用 Photoshop，那么你可以再学习基础的 HTML 和 CSS，当做 Photoshop 以外的技能。

当学会用 HTML 和 CSS 创建 Web 模型，你就可以在 Photoshop 中释放你的创意，创建图片资源。你可以大胆地设计，然后用新学来的知识在浏览器中可视化你的想法。这绝对是独一无二的 Web 设计。

当然，当你成为像我一样的设计师加开发的混合体的时候，你将很快上手，并利用这些 Web 技术作为你的设计工作。

8.1.4 展示你的模型

将设计向客户或其他人展示是一种艺术。它涉及揣测他人的想法，一步步地强调设计的有效性，解决或者减轻客户可能有的担忧。

我经常把跟客户做展示的学问称为展示心理学。有一个关键问题是：向客户展示 Web 原型时，客户可能会把你的进一步设计或者开发程序的实际效果理解错了。

我们将在后面几章更详细的讨论展示的问题，包括如何克服这个常见的障碍。这里，我们先继续探讨 Web 设计模型的话题。

8.2 开始实践

创建基于 Web 的设计模型，你需要准备以下这些东西：文本编辑器（有文字处理程序就可以了，不需要太复杂）。

- 高级浏览器。
- 一些基础的 HTML 和 CSS（JavaScript 不是必要的，懂一些当然更好），或者找一位愿意帮助你的前端工程师。

这一章，你还会接触到一些很好的软件，帮助你更快更简单地创建 Web 原型，我们称它为静态网页生成器。在这本书的例子里面，我用的是 Dexy（它实际上不是一个静态站点生成器，但文档软件有这个功能），但还有很多不同的静态站点生成器可以用，同时也有很多对应的编程语言。

当然，如果你喜欢技术性更强工具，还有很多其他附加选项，比如 CSS 预处理器（css preprocessors）。像 SASS 或者 LESS 这样的预处理器可以大大加速你的原型设计。你不一定要用 CSS 预处理器，但它们很值得你去研究，并用它们加速你的设计。

改善响应式线框图

现在，让我们回头看看在第 3 章中我们做的内容参考线框图，将它们进化为静态原型。这些线框图已不仅是页面布局里的模块，它们都有响应式的基础，这让我们的工作更简单。

在第 3 章中，我们做线框图的目的本来并不是创建一个完整的布局，而是优先考虑内容，大致阐述内容可以放置屏幕上哪些地方。在第 7 章中，我们还画了草图，甚至你可能为设计创建了一些情绪板，并且在 Photoshop 里创建了一些设计图。

设计思维将决定我们通过模型去可视化哪些内容。但是，线框图可以作为一个学习基础 HTML 的起点。

首先，比较一下第 7 章中我们设计的页面布局和你最初的线框图。不是让你关注组件的布局，而是构建页面的模块，比如头部、底部、主要的内容区域，以及其他比较大的模块或者专栏。记录你设计稿跟线框图的差别，你需要针对这些差别做出修改。

如果你设计的模块跟线框图大致都一样，那可以直接跳过。如果不是，你需要去调整线框图的 HTML 来适应最新版的设计稿。在本书的网站中，我们不需要改变 HTML 的结构，而是通过改变 CSS 来适应设计稿。

从这点出发开发一个模型就很直截了当了。

- 把你线性设计内容的各个部分复制粘贴到线框图对应的位置上（先备份一份线框图的 HTML，以免被覆盖了）。这时，你可以在浏览器上看线性设计和线框图结合在一起的样子。
- 将 body 对象的 wireframe 类去掉。
- 调整 CSS，让跟页面的元素对应你的最新设计。

这些步骤并不总是必须的（尤其是最后一个）。当你完成以后，你需要为小的视口设计一个 Web 模型。在这个过程中，你应该不时地在浏览器中查看页面的实际效果，最好是不同的浏览器。如果你能在不同平台和设备上去做，那就更好了。重复这个过程，完成每一种类型设计的页面。

我好像没有提到第 3 点“调整 CSS”是吧？因为它是最复杂的，我们单独拿出来，更详细地看一下。

1. 添加样式

除非你在第 7 章设计了完全不同的排版风格，线性设计的样式是调整你的

CSS 代码的很好的起点。还记得 base.css 吗？把你线性设计的 CSS 代码复制到 base.css 里面，放到你线框图样式的后面。

剩下的就是调整你的 CSS，让页面在小视口能匹配你的设计。先从移动端开始吧：在智能手机或者模拟器（或者桌面浏览器，调整到小窗口状态）上查看页面。尽可能快地调整你的 HTML 文件，根据需要调整结构、内容、元素的属性，比如 class 以及 id。除非你使用预处理器，不然只需要 base.css 一个样式就够了。

不要因为你用 HTML 和 CSS 就感觉你在开发一个完整的静态网站。这是一个在浏览器展示设计的很有效的途径，如果你效率够高的话，会比在 Photoshop 中更快完成。

一旦完成了页面的移动端版本，尝试着把你的浏览器扩大，直到页面样式出现问题。有可能是主文本那一列包含太多字了，或者是 logo 对比页面剩余部分显得太小了。也有可能你觉得，表单的输入框太宽了。当出现这些情况的时候，这里就是一个断点了。

2. 拿出你的断点图

如果你一直跟着我学习了前面的章节，那么断点图上应该有你预估的断点。现在就让我们来看看你预估的断点是否正确。打开浏览器的开发者工具或者 Web 审查工具，然后看“计算样式”（computed styles，见图 8.2）。找到这个 HTML 元素的宽度，跟断点图的第一个断点的值比较。它可能偏差很大，但是没有关系。

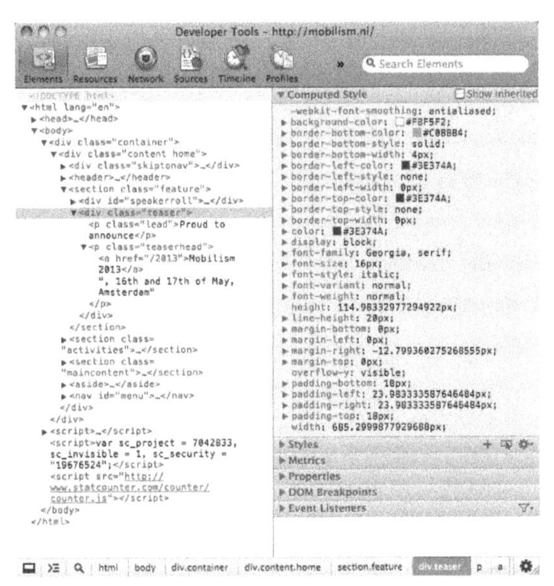

图 8.2 计算样式可以让你在浏览器中查看 CSS。

我们可以在断点图上设置很多估算的点，真的不需要完全准确，它们更多是帮助我们去思考需要在断点处做出什么变化。前面说过，我们可以通过渐渐扩大视口，将布局出现问题的点作为第一个断点。我们通过“计算样式”可以随时查看视口的宽度，替换掉之前的估算值，将这个值作为断点图的第一个断点。断点图也将成为设计的参考资料，作为设计文档的一部分（关于更多设计文档，我们将在第 11 章介绍）。这也意味着我们是基于设计的内容来设置断点的，这是好事。

现在你已经明确了第一个断点，也相应地在断点图上做出修改。你还可以在 HTML 里面修改你第一个断点的最小宽度值：

```
<link rel="stylesheet" href="styles/medium.css"
→media="only screen and (min-width: [your breakpoint])">
```

medium.css 将包含我们这个断点与下一个断点之间的样式，所以你可以开始将 CSS 添加到这个文件里面。尽量考虑依照“递增 CSS”方法，在已经有的基本样式的基础上增加。实际上，你就是在 base.css 的基础上，在这个样式文件描述样式的异常。我经常将站点所有样式文件的公共部分抽取出来放在 base.css 里，而 medium.css 则包含了主要的布局变化，通常是更小的。large.css 通常是最大的。

因为在 medium.css 里，许多样式的变化都会影响元素的位置和大小。外边距可能要宽点，内边框也可能要调整，菜单可能需要从原来页面底部移动到屏幕头部。布局可能从一行变成两行。元素可能从原来水平定位变成垂直定位。还记得响应式设计的第一宗旨吗？保持流体布局网格，使用相对单位（百分比或者其他），这样你的设计就可以充分扩展。当完成这些之后，页面就能适应第一个断点了。

3. 处理剩下的主断点

在许多情况下，你只需要三个断点。我从没有使用超过四个断点。不管使用多少断点，你都会简单地重复上面描述的步骤。

（1）扩大你的浏览器窗口直到样式错乱。
（2）调整浏览器到出现这个断点前的状态。
（3）记录下这个视口的大小。
（4）替换你的断点图的值，修改 link 元素。
（5）添加、调整相关的样式文件，直到页面适应断点。

在这个过程中，把各个断点当做是一个范围，而不是一个值。比如，如果第一个断点是在 400px，而第二个在 900px，那么你需要设计满足窗口在 400px 到 900px 的样式。这也是为什么流动布局如此重要：页面需要在整个过程都保持不错乱，而不仅仅是窗口在 400px 和 900px 那两个状态可以就行了。

8.3 从静态页面到静态网站生成器

你可以像上面那样，手动去创建每一个页面模型。每个模型都是一个单独的 HTML 文件，每个文件都包含它自己的头部和尾部，链接到样式文件、图片等。你的所有内容，都会写死在 HTML 文件里。

如果只是一两个模型，没有关系。但很多项目需要更多，如果还是用静态页面去做，没有像 Photoshop 一样的制作速度和可维护性。它确实比 Photoshop 更加真实，响应能力更强，但是通过使用静态网站生成器，我们可以更好地完成这些，从而扩大 Web 设计模型的优势。

静态网站生成器（SSG）是一个通过一系列文件生成网站的软件。有很多类型的 SSG 软件，从生成各种非常简单的网站到提供各种功能应用程序的网站（比如标签、博客文档）。实际上 SSG 支持各种通用的编程语言。Nanoc 是比较流行的 SSG 软件，在它的官网上可以看到支持各种语言的 SSG 列表。但是，你快速搜索后又会发现更多的选择。

你选择的模板语言将会影响你决定使用哪一种。

8.3.1 模板

模板语言就是可以用来创建模板的语言。反过来说，模板允许你在占位符插入其他内容。以下面的句子为例：

```
The book will be called {{title}}.
```

在这个句子里，我使用的模板语言叫 Jinja，而 {{title}} 是一个变量。意思是模板系统将用它代表的内容替换掉这个变量。在这个例子中，它表示书的标题。模板也可以包含逻辑操作，比如，你可以循环数据列表来创建一个 HTMl 列表。某些情况下你可以使用这个逻辑操作，不过它会变得复杂。所以还是避免在模板使用逻辑操作。

很多静态网站生成器会提供现成的模板系统。模板是很重要的，因为它可以让你在 HTML 文档中直接使用纯文本标识内容。这使得别人很容易为你提供内容，而不用去 HTML 文档编辑它。HTML 并不难，但纯文本标记会更简单。

当选择了一个静态网站生成器后，你需要检验并确保你喜欢它使用的模板系统。

8.3.2　选择一个静态站点生成器

我目前使用的 SSG，跟我用来创建样式指南还有其他类型的文档是同一款软件。这对我来说是一个很重要的因素。一旦你做一些小调查，你就会发现对你很重要的因素了。思考下面的内容。

- 编程语言：如果你想扩展 SSG 的功能，这是很重要的，并且有时候你需要编写配置文件。
- 模板系统 / 语言：这经常跟 SSG 的编程语言结合在一起。
- 标记语言：如果你喜欢 Markdown，但是你选择的 SSG 仅支持 reStructuredText 语言，那么你必须扩展这个 SSG 软件或者重新找一个。
- 配置：大多数 SSG 使用某种形式的配置文件。你必须学会一种特殊的编程语言去创建一个吗？
- 易用性：记住，这仅仅是一个工具，除非真的很好，否则你也不想花时间深入钻研它。好工具不多，而且很多时候文档说明都很难读懂。所以如果你没有其他资源，你还是先基于自己的情况快速上手吧。

如果对 SSG 不熟悉，那你可以用我接下来介绍的软件。不需要预先准备什么知识，只要上手了，你就可以体验更多的工具来满足你的需求。

如果你已经有使用的 SSG 软件了，那接下来的这些步骤你应该很熟悉了。

下面我们将用静态网站生成器来重现我们上面制作静态模型的过程。记住，在具体的项目里，你要么只需要做静态的 HTML 模型，要么使用 SSG 软件来生成 Web 设计模型，你不需要两者都做。

8.3.3　关于 Dexy

我现在用来创建 Web 设计模型和文档的软件是同一款——Dexy。Dexy 是一款开源软件，专门用来自动化创建文档。碰巧，一个静态"网站"也是一种文档，所以 Dexy 也支持创建静态网站。这样的好处是，我不用为了创建设计 Web 模型和文档而分别使用两款软件了，工作流程更加顺畅。Dexy 是用 Python 编写的，这意味着它可以轻松地在多个平台上运行。Dexy 还集成了很多有用的工具，比如 Pygment 用来支持语法高亮（编写风格指南的时候很有用）和 Jinja 模板（创建内容占位符的时候很有用）。

Dexy 是一款年轻的软件，在本书编写过程中它还在积极地开发之中。你可以认为它的工作就是接受一些文件，做一些处理之后，输出一个文件夹，里面就是处理之后的东西。处理的过程可以是什么也不做，或者简单的拷贝文件，放到模板里，或者把文件内容传递给其他软件来展示。为了更好地接受文件，Dexy 提供了一个功能叫做过滤器（filter）。Dexy 过滤器可以自己处理全部文件（或者一部分文件），也可以把文件传给其他软件来处理。得到处理的结果之后，过滤器返回结果。你可以在文档里使用这个结果。有时候，处理结果可能是一个新的文件。这里我举一些例子可能会更直观。

1. 接受一些 Markdown 文件，把它们插入一个基本 HTML 模板中，然后把相关文件链接到一起创建一个简单的站点（我们马上会这样做！）。

2. 接受一些 CSS 代码片段，把它们插入一个 Markdown 文件中预先定义的占位符中，然后转化文件为 HTML，再给这些代码片段一个漂亮的代码高亮（在第 11 章中，我们会这样做！）。

3. 在命令行中运行一些命令，然后把命令的结果放置到一个预先存在的 Markdown 文件中，然后把文件转化成一个 PDF。对了，还可以转化成一个 Word，你的老板可能喜欢 Word（我们不会做这个例子）。

4. 多次访问一个站点的页面，每次都修改窗口的大小，然后截一个图。把对应的截图插入到预先存在的 Markdown 文件占位符中，拉取对应的 CSS 代码片段，并且设置代码高亮，然后把这个 Markdown 文件转化成 HTML（是的，我们在第 11 章中会完成这个例子）。

这只是 Dexy 强大能力的冰山一角，它提供了大量的过滤器来帮助我们完成这些功能（编写本书时，Dexy 提供了 135 种过滤器）。而上面的这些例子中，只要设置好了所有的东西（这需要一点时间），每次生成结果的时候只需要一个简单的 dexy 命令就可以了。Dexy 会处理接下来的所有工作。这就让我们的需求变更变得更容易。

如果上面这些东西在你看来太过技术化了，没关系，请放轻松。我会带你一步一步完成这些例子。因为边做边学最有效，那就让我们开始吧。

8.3.4 安装 Dexy

在前几章你已经学了一点命令行了，这也是比较难的部分。安装 Dexy 是很简单的，首先你要安装 Python。

Python 有个叫 pip 的安装包管理器。找到它，输入：

```
$ pip install dexy
```

如果它提示你没有权限，你需要先执行 sudo，然后输入系统密码。搞定之后，你就会看到系统把 Dexy 跟它依赖的安装包下载下来。之后你就会看到：

```
Successfully installed dexy PyYAML chardet idiopidae jinja2
→mock nose ordereddict pexpect pygments python-modargs
→requests zapps
Cleaning up...
$
```

这个信息会显示在你的命令行下面，表示成功安装。要使用 Dexy 过滤器，还要下载安装另外的依赖软件。我先假设你已经有 Pandoc 了，其他后续有必要时我们再安装。

如果在用 pip 安装 dexy 的过程中提示“pip isn't on your system”，你可以输入 easy_install pip 来安装它，然后再尝试一遍安装 dexy。

接下来我们开始创建模型。我们需要转变一个 HTML 框架、导航模板、头部（header）、底部（footer）的代码片段、还有两个配置文件，以及一杯咖啡。为了让你清晰一点，我将把除了咖啡以外的所有东西都提供给你。首先，安装我为你创建的基础模板：

```
$ pip install dexy_rdw
```

执行完了以后，你可以继续执行：

```
$ dexy gen --t rdw:mockup --d [directory]
```

[directory] 表示表示你用来创建模型的文件夹。你可以用命令 cd 进入到文件夹里面。进去以后你将会看到下面这些文件和文件夹。

- `base.html`

文件包含了一些像 head 元素、导航、主内容框架模板的基础 HTML 代码。你基本不会用到这个文件。

- `template.html`

这是页面的主模板，用来生成页面的主内容框架（主框架是用来填充 markdown 文件的内容的，后面会看到）。除非你需要自定义主框架容器的 HTML 元素，不然你也不需要修改这个文件。

- `dexy.conf`

通过这个配置文件，我们修改 Dexy 的设置。

- `dexy.yaml`

你可需要花点时间在这个文件上面，后面我们会简短的讨论一下。这个文件将决定 Dexy 在生成具体的文件时是怎么执行的。可以通过这个文件设置过滤器，指定执行的文件。

- `index.markdown`

这个就是你的整个模型的首页。如果你整个模型只有一个页面，那你的内容都将放在这里。如果有多个页面，那么将需要有多个 Markdown 文件，甚至可能不在同一个文件夹里，而在它们自己的文件夹里。

- `macros/_footer.html`

文件的 footer 元素将会自动填充到页面模型。

- `macros/_head.html`

这是所有页面的 head 元素。我们在这里引进样式文件。

■ macros/nav.jinja

这个文件由一些 Jinja 的宏组成。Jinja 利用 Dexy 里叫网站通讯者（Website reporter）的组件，并基于我们使用的文件创建站点导航。你不需要理这个文件。如果你不喜欢或者不需要提供导航，那么只需要从 _base.html 中移除它的引用，它在一般第一行。

所以你需要做的只是倒一杯咖啡。这样我们就完成了一个 Web 模型了，只是没有我们自己的内容在里面而已。继续输入下面的命令：

```
$ dexy setup
```

它将初始化 Dexy，生成一系列 Dexy 需要的文件。在继续执行：

```
$ dexy
```

如果你执行 ls（用于展示当前文件夹的文件）命令，你就会发现 Dexy 创建了一系列的新文件夹。其中有一个叫 output-site 的文件夹，文件夹里面是 Dexy 为我们创建的一个基础模型。你可以在浏览器中打开文件夹里面的 index.html，不过 Dexy 提供了一个简单的本地 Web server，可以通过执行 dexy serve 启动它。执行之后你就会看到下面这条信息：

```
serving contents of output-site on http://localhost:8085
type ctrl+c to stop
```

在浏览器打开这条信息里面的 URL，你将会看到模型的默认页面（没有特别的内容，也没有样式）。后续你将会添加你自己的内容以及样式文件（见图 8.3）。按 Ctrl + C 就可以终止 Web 服务器。

图 8.3 提供给你添加内容的默认模板页面。

8.3.5 你积累的资源

到目前为止，你已经创建了好几个交付成果了。

- 内容库存。
- 至少一个响应式线框图。
- 线性设计，用 Pandoc 把 Markdown 转换为 HTML。
- 至少一个断点图。
- 在不同断点时的网站设计草图。

因为整个模型的文件夹是 Dexy 新建的，所以我们需要往里面添加图片和 CSS 文件。复制你的图片文件夹，以及前面线性设计和线框图的样式文件到新的模型文件夹。你应该把图片和样式文件放到 dexy.yaml 那个文件夹里。如果你有其他资源（比如使用 CSS 预处理器的文件），可以把它们都复制到这里来。

你可以使用命令 cp -r 来复制文件。

8.3.6 添加样式

我在前面说了 HTML 头部都交给宏文件夹的 _head.html 文件处理。在文本编辑器打开它，里面的代码应该是这样的：

```
<head>
    <meta charset="utf-8">
    <meta name="viewport"
    →content="width=device-width,initial-scale=1.0">
    {% if page_title == '' -%}
        <title>Home</title>
    {% else -%}
        <title>{{ page_title }}</title>
    {% endif %}
</head>
```

现在添加样式文件的链接：

```
<head>
    <meta charset="utf-8">
    <meta name="viewport"
    →content="width=device-width,initial-scale=1.0">
    {% if page_title == '' -%}
        <title>Home</title>
    {% else -%}
        <title>{{ page_title }}</title>
    {% endif %}
    <link rel="stylesheet" href="styles/base.css"
    →media="screen">
    <link rel="stylesheet" href="styles/medium.css"
    →media="only screen and (min-width: 600px)">
    <link rel="stylesheet" href="styles/large.css"
    →media="only screen and (min-width: 900px)">
</head>
```

在运行 Dexy 之前，你都需要重新设置 Dexy 的缓存。你可以通过运行命令 dexy -r 来实现。然后再执行 dexy serve。现在，刷新浏览器，你将会看到你添加的样式被应用在了页面上（见图 8.4）。

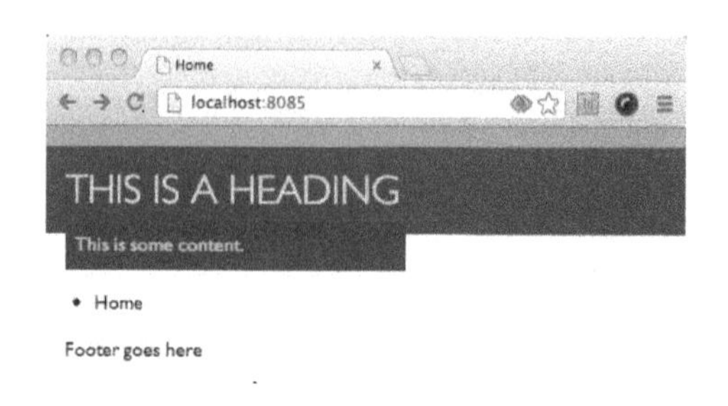

图 8.4　添加完样式的新页面。

8.3.7　添加内容

现在开始往页面添加你创建的内容。找到前面你为线性设计制作的 markdown 文件，并将 index.markdown 文件的内容替换成你的 markdown 文件里面的内容。注意文件的名字还是叫 index.markdown，然后再运行一次 dexy -r，并重启服务器。

刷新网页后你便能看到设计在窄页面下的样子了。

8.3.8　给内容分组

为了把内容平铺在屏幕上（对，也要考虑内容的语义化），我们使用 HTML 的 <section> 标签来封装内容，就像我们在线框图中做的那样。早一点的时候我提到过，你可以把每一部分的内容复制粘贴到对应的 <section> 中。但是因为 HTML 标签也是完全合法的 Markdown 语法，所以一个快速的方法是，把你用 Pandoc 生成的 HTML 标签——<body> 和 </body> 之间的所有内容——都复制到 index.markdown 中去。这并不优雅，因为我们没有用到所有 Markdown 的优势。

另一种做法就是混合 HTML 和 Markdown，你可以同时使用线框图中的 sections 代码，然后在里面使用对应的 Markdown 语法。这有点难解释清楚，所以请看下面的一个例子：

```
<section id="synopsis">
    In our industry, everything changes quickly, usually
for the better. We have more and better tools for creating
websites and applications that work across multiple
platforms. Oddly enough, design workflow hasn't changed
much, and what has changed is often for worse. Through
the years, increasing focus on bloated client deliverables
has hurt both content and design, often reducing these
disciplines to fill-in-the-blank and color-by-numbers
exercises, respectively. Old-school workflow is simply not
effective on our multiplatform web.

    Responsive Design Workflow explores:

    - A content-based approach to design workflow that's
grounded in our multi-platform reality, not fixed-width
Photoshop comps and overproduced wireframes
    - How to avoid being surprised by the realities of
multi-platform websites when practicing responsive web
design
    - How to better manage client expectations and
development requirements
    - A practical approach for designing in the browser
    - A method of design documentation that will prove more
useful than static Photoshop comps

</section>
```

我们像往常一样使用 Markdown，不同的是使用 section 标签来包裹它们（如果你比较倾向于 div 也行）。这的好处是很灵活，因为我们不需要改变模板，而且即使是不懂技术的人也能很方便地阅读和编辑。所以我们就先这样简单处理吧。

还有第三种方法，这是技术专家比较喜欢的方法，那就是把页面的内容分成几份，然后在一个模板文件中分别引入这些内容文件。这需要熟练地掌握 Jinja 和 Dexy 的相关知识，但是它提供了一致性。如果看看 _basic.html，你就知道 include 是怎么工作的了，比如页面底部是这样引入的：

```
{% block footer -%}
    {% include 'macros/_footer.html' %}
{%- endblock %}
```

如果你决定使用第三种方法，你应该为每一部分内容都创建一个文件，然后在 _template.html 中引入它们，你也可以为不同类型的内容创建几种不同的模板，不过这不是必须的。随后你需要在 dexy.yaml 中告诉 Dexy 如何处理这些代码片段。

这种方法适用于较大型的站点，我们的设计只是一些简单的 Web 页面，所以可以简化一下，只用 Markdown 来给内容分组就好了。Jinja 模板很强大，你如果感兴趣的话可以自己深入探索。

总结一下，我们的目标是给内容分组，所以首先从你的线框图中得到 section 结构，然后把内容放在 section 标签中，保存为一个 Markdown 文件，就像上面的例子那样。最后你的文件看上去就像这样：

```
<section id="book-title">
# Responsive Design Workflow

by Stephen Hay

</section>
```

```
<section id="synopsis">
    [ some content ]

</section>
<section id="purchase">
    [ some content ]

</section>
<section id="resources">
    [ some content ]

</section>
<section id="errata">
    [ some content ]

</section>
```

你的内容处于 section 标签之间。因为只有 section 是 HTML 标签，其余的都是 Markdown，所以整体的可读性是不错的。不懂技术的人也能编辑这个文件。

记住，Pandoc 需要知道哪些已经是 HTML，哪些需要变成 HTML，这并不总是那么简单，所以 Pandoc 可能会搞错。我的经验是，在每一个闭合的 HTML 标签之前都增加一行空格，就像上面的例子那样。

注意我们使用的 Markdown 引擎是 Pandoc，如果选择使用另一种 Markdown 实现，你可能要稍微改变一下代码以很好地结合 HTML 和 Markdown。我喜欢 Pandoc 的一点是，它能把普通 HTML 标签之间的 Markdown 转化成 HTML，纯 Markdown 不会这样做。

当你完成了内容分组，是时候看看配置文件了。

8.3.9 Dexy 控制中心：dexy.yaml 文件

当 Dexy 运行时，它会读取一个配置文件。配置文件支持几种格式，比如纯文本或者 JSON。但是其中最有用的就是 YAML，它提供了一种易读的格式。

我在 RDW 模板中提供的 Dexy.yaml 看起来是这样的：

```
site:
    - .markdown|pandoc:
        - pandoc: { args: '-t html5' }

assets:
    - .css
    - .js
    - .png
    - .jpg
```

你会发现 YAML 由以下形式的条目组成：

```
Something:
    - sub-something
```

这些是名值对。在这个配置文件里我们设置了两件事：站点用到的页面和资源。这是这个文件配置的主要内容。资源就是列出了一些文件类型。Dexy 会把符合这些类型的文件全都拷贝到目标文件夹，而不会经过任何过滤器。所以，简单来说，我们的意思是告诉 Dexy “把后缀为这些的文件都拷贝过来，它们是资源文件 。” 你不用关注资源在哪些文件夹，Dexy 会把文件夹相对位置也拷贝过来。

Site 值有点不一样，通过这个代码片段，你会发现 Dexy 是多么强大：

```
site:
    - .markdown|pandoc:
        - pandoc: { args: '-t html5' }
```

这是说，“我们的网站应该从所有的以 .markdown 为后缀的文件生成而来。找到这些文件然后传给 pandoc。当运行 pandoc 的时候，使用参数 -t html5。”

如果你意识到这其实是跟直接在命令行中运行 Pandoc 是一样的，你是对的。在这个简单的例子中，确实如此。但是在 11 章中，就不只如此了。而且，Dexy 的“站点报告器”正在处理 Jinja 模板，增加一些东西，比如导航、主要内容区，还有页面底部区域。所以，我们不仅仅是跟简单地运行 Pandoc 一样。

你可以自己试试我给你的简单默认代码，试着修改一些地方看看是否有效。如果你的静态页使用了 SVG 图片，你应该做什么？只需要简单地在 assets 属性里增加一项：

```
assets:
    - .css
    - .js
    - .png
    - .jpg
    - .svg
```

相应地，如果你手工编写了所有的 HTML 文件，那你就不需要使用 Markdown 过滤器了，你的配置就简单多了：

```
site:
    - .html
```

这时候，你对应的文件就应该是 index.html，而不是 index.markdown 了。

我们在第 11 章中会介绍更多的过滤器，那时候我们的目标是创建一个设计手册。

8.3.10　使用 CSS 完成 Web 设计模型

我们专注于这个工具已经很长时间了。现在，你需要自己走一遍所有的流程，然后增加或者修改你的 CSS，直到页面设计在每个断点之间都正常工作。跟之前的区别是，你现在是在 Dexy 中修改，而不是修改静态 HTML 文件。保持 Dexy 服务器运行，你可以通过运行 dexy –r 命令来刷新浏览器中的页面。

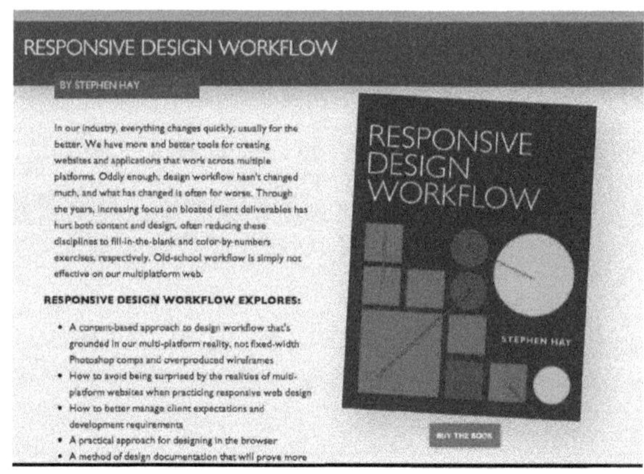

图 8.5　一个完成后的设计模型，如果你眯起眼睛来看，它看上去就像是 Photoshop 中设计出来的。

请注意，设计中最难的部分是思考。它是设计的第一步。你已经很好地完成了那一步。现在你做的这些事情只是创建你脑海中设计的一个呈现的版本，并且它是响应式的，而且也方便维护。

8.3.11　多个页面

进行下一步之前，让我们看看 Dexy 和 RDW 模板给你提供的另一个有用的功能：你可以（实际上你经常会这么干）在一个页面中添加一个导航，自动链接到其他几个页面。如果在浏览器中观察 Dexy 为你生成的站点，你可能会注意到页面底部有一个链接——“Home”。这其实是一个菜单，但是只有一个条目——实际上菜单中有多个条目时，导航菜单才有意义。

Dexy 提供的导航是非常简单的，在很多场合下都很有用（见图 8.6）。假如你在做一个主页的静态页，然后也做了一个登录页。这时候导航就可以让你在主页和登录页之间跳转，你还可以根据自己的喜好来添加样式。之后，当你创建了一个注册页的时候，菜单也会自动添加对应链接。

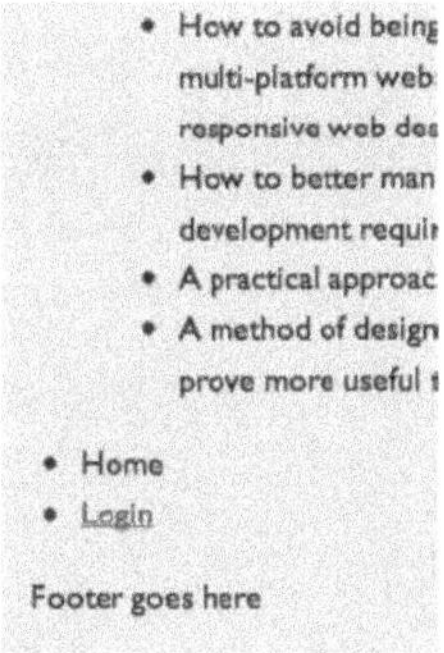

图 8.6 Dexy 提供了一种添加导航的简单方式。

让我们来试试吧。在你的页面文件夹（就是 dexy.yaml 所在的文件夹）创建一个目录叫做 login。里面创建一个 index.markdown，加入一个标题，这样我们等会就可以验证页面是不是登录页了：

```
# This is the login page
```

现在运行 dexy –r 然后在浏览器中访问主页。你应该能看见现在导航部分新增了一个指向登录页的链接，而对应的登录页也包含一个指向主页的链接。

就是这么简单。当然你也可以自己手动编码添加这个导航菜单，如果你真的、真的很想这么做的话。如果你不想要默认的自动生成菜单功能，只需要移除 _base.html 中的这一句：

```
{% from 'macros/nav.jinja' import menu with context -%}
```

Jinja 高手也可以修改 nav.jinja 模板来修改导航的内容。

8.4 总结

在本章中，你学会了如何把线框图和线性布局结合起来，形成一个 Web 设计模型，了解了 Dexy 的作用，也学会了如何安装它，然后把你已有的静态资源放到 Dexy 里。你学会了模板、简单编写配置文件，以及 Dexy 过滤器的功能。最后，你学会了利用 Dexy 的自带站点菜单模板，这样你可以自由添加新的页面，然后让 Dexy 自动生成导航菜单。

当你完成了 Web 设计模型，这时候就该把它呈现给你的客户、团队或者投资方了。如何展示设计是一门学问，它甚至跟设计本身一样重要。下一章，我们来谈谈这个话题。

第 9 章

截屏

经过长时间的努力，你（或者你的团队）已经整理出内容清单、响应式内容参考线框图、线性设计、断点图还有为各种断点设计出来的Web设计模型。你已经将你的设计以及所有这些努力的结果以Web设计模型的形式可视化。

现在你必须要将你的设计呈现给客户。

也就是说，这个任务可能会落到你的头上。如果不是由你将设计呈现给客户的话，这个任务可能会由团队里的其他人来完成。同样你也必须将设计呈现给这个人。老实说，如果你是设计者的话，我建议由你来将设计呈现给客户，除非你有严重的演讲恐惧症。

对于一些人来说，演讲要比命令行还难500倍。但是据我所知，其实没那么糟。在我们提升演讲能力之前，有一个重要的问题：你到底打算给客户呈现些什么？你打算让你的客户在一个浏览器中点击你的设计吗？

设计师Mark Boulton警示我们要避免“惊吓展示”，指的是你和你的团队用过去几周努力工作出来的成果把客户吓跑。惊吓展示可以说是非常非常的糟糕。

避免惊吓展示很容易：让客户参与到工作流程中的每一步来，除了草图和Web设计模型的阶段。现在还不到把Web设计模型展示给用户的时候。这一章的主要内容是为什么我建议你选择截屏作为演示手段，并且如何呈现这些图像。

9.1 为什么不直接在网页上进行展示?

我不推荐让你的客户参与Web设计模型的制作。同时，我也不建议你完成了Web设计模型之后给客户用浏览器来展示页面交互。让我们来谈谈原因。

9.1.1 演示 / 现实的平衡

在你所展示的设计中缺乏细节部分会让你承担很大的风险。当你决定现在避免细节，之后又将其补齐的这种方式时，人们的焦点会暂时集中在感觉、设计氛围还有设计语言上，但最终还是会回到细节。客户现在没有这个机会仔细考虑细节，最终遇到时还是会产生疑问。这样会对客户如何看待你的设计造成很大的影响。如果起初你就想避免细节的话，使用情绪板来评估客户喜欢什么样的设计风格。情绪板是如此模糊，以至于客户不会和完整的设计相混淆，更何况它们也谈不上是一个设计。

另一方面，呈现真实细节的设计同样承担着很大的风险。即使你避免了惊吓展示，同样会出现另一种情况，即你正以分阶段的方式将正在讨论的事物可视化，然后在初始阶段把它们呈现给客户，他们在这一阶段同样也应该陈述自己观点和利益。如果你喜欢的话，可以叫它“惊讶展示”。但是他们的确被吓到了。运气好的话，你会一杆进洞；运气不好，你只好返回重新再来一次。

在你的 Web 设计模型得到反馈时，迭代修改是很快的，因为 CSS 允许你迅速地进行更改。但你肯定不想客户知道你的修改是如此轻松。

Web 设计模型可以像 Photoshop 制作的文档一样精细。所以就呈现的真实性而言，这个页面设计没有任何优势。唯一的优势就是，它们是在浏览器内进行设计的。这也同时是它们和静态设计相比所呈现的最大劣势，在第一次展示时就引入太多的元素。比如交互方式，无论如何精细，在 Web 设计模型中都不会出现的交互因素。马上对设计透漏太多的话，将会使惊讶展示变成惊吓展示。

你可以告诉客户，静态的图像只是图像，她是可以理解的。正如我经常做的那样，你可以这样说。“这些是设计的大概样子，它们表现的是网站在浏览器中的样子。尽管如此，需要注意的是，图像没有任何行为也没有交互。

仅仅是关于印象，跟你在浏览器中访问可交互的网站是不一样的。”

呈现图像的方法很奏效，客户可以很清楚地明白她主要应关注设计方面。尽管已经决定好所要展示内容的结构，你可以使客户明白这并不是关于内容方面的。同样和点击或者触摸无关，也无关于屏幕上字体的准确大小。

它是关于设计语言的应用、特性、颜色、布局、图像的风格以及排版方面的。它关注的是比例而不是像素。客户不能和它进行交互，所以关于转换停留的速度或者当网页下载时一闪而过动画式的非格式内容是不用讨论的。

无论你说些什么，如果要展示一个 Web 设计模型的话，不管你喜欢与否，这些讨论都会接踵而至。当你选择以交互的方式进行呈现时，客户也同时打算对此做出相应的反应。那并不是客户的错误，而是人类的本性。这是当人们看到关于自己要花钱买东西时的本能反应。

所以， 就上面所有关于在浏览器中进行设计的探讨。虽然你已经做了一个这样的 Web 设计模型，我建议你不要在浏览器中进行展示，至少不是现在。

9.1.2 截屏：从 Web 设计模型回到图像

你可能在想。“他让我去做一个 Web 设计模型，但是又让我对页面进行截屏然后呈现给客户。”是的，我即将要告诉你的就是这件事。但我还没有说完。

以图像的形式进行展示有若干优势，除了上面提到的那些点外，还有：

- 它不再强调设计的可修改性。如果在浏览器里展示，许多客户都知道小的变动是很容易做到的。但是你还不想就此做任何小的变动，你想要在基本的设计风格上先得到用户的认可。

- 它可以避免渲染或者其他一些方面的问题，当客户在浏览器里遇到这些问题时，会影响他关于设计的想法。用户可能会批评字体渲染有bug，这时候向他解释这个问题也于事无补，坏印象已经产生。
- 它是客户熟悉的一种格式。他们已经看Photoshop制作的图像有很多年了，现在仍旧如此。
- 它并没有给人们留下那种“你已经差不多完成了“的印象。在第8章中，我们已经了解到这种设计媒介的危险性。客户会质疑为什么剩下的工作要花费这么多的时间和金钱，因为感觉上我们的工作已经完成得差不多了。

就个人而言，我发现这些原因充分到足以让我在第一次展示时选择以图像这种方式向客户展现我的设计。同时关注的焦点多在视觉设计上，而不是任何实现上的细节。

我们在这里需要做的是，在设计展示过程当中将隐晦式心理方法应用到极致。我们尽可能避免那些无关紧要的问题所产生的起反作用的讨论。我们在创造机会得到用户更多的认可，客户的认可就是你项目的安全带。当你脱轨时，他们会把你拉回正确的方向。

在已经得到了客户关于图像设计的认可之后，下一个步骤当然就是展示Web设计模型。在这一点上，交互性引起的问题并不是那么糟糕或者分散注意力，因为你已经获得了设计方面的认可。然后，你可以在Web设计模型上更快地进行迭代，直到对于网站的制作获得足够的认可。

当你已经有一个Web设计模型时，如何获得静态图像呢？你可以进行截屏，并不需要很特别的截图，只要是日常普通的就行。关键的区别在于，因为你有一个响应式设计，你就可以用不同的视口宽度进行截屏（见图9.1）。可以跟多个Photoshop文件告别了，这种旧模式在进行每一次设计变更时，都要全部单独进行编辑。

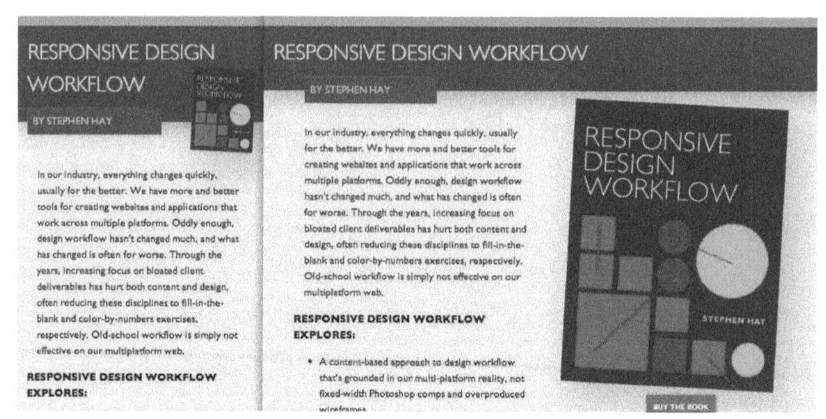

图 9.1 设计可以在各种视口宽度进行截屏。

我们不是在戏弄客户

这并不是在误导客户认为我们正在用 Photoshop 进行工作，然后获得设计认可之后再做 Web 设计模型（尽管我经常这样开玩笑）。这是在正确的时候使用正确的工具，目的是对项目在整体上给予最积极的影响。事实上，我建议你不要提已经有一个 Web 设计模型这件事。因为你没有提及用来制作交付成果的应用程序，所以没有必要现在说。只有当你的客户关注时，浏览器仅仅是你用来制作呈现图像的 Photoshop。此时，与你接下来要如何应用设计并不相干。

也就是说，如果被问到了，坚决不要向客户撒谎。好的关系绝不会建立在谎言上。仅当你可以做对时，可以稍稍说点谎话。“是的，我们支持在浏览器中进行设计的策略。同时，我今天呈现的是我做的一个 Web 设计模型。因为它仅仅是一个设计，并没有在大多数的浏览器中进行测试。我们应该避免这些会分散注意力的因素，从而聚焦于展示会议的真正目的，因此我们一致同意采取可视化的设计模式。一旦完成之后，我们就将明确地完成了对设计的测试。所以，你可以体验这样的设计在各种浏览器和平台中是如何工作的。”

尽管对设计的测试可能并不像暗示的那样可以涉猎广泛，但是那是一次展示，虽然是口头上的回答，也是相当真实的。

9.2 如何截屏

我可能是在开玩笑，是吧？好吧，可能有一点点。你知道如何截屏，并且可以用你喜欢的方式去做，见如下两种方法。

- 手动
- 自动

你所选择的方法取决于你的个人喜好、修改的意愿（或者其他方面），以及你所期望制作的截屏数和重复的次数。

许多公司为了使它们看起来像处于浏览器中，将 Chrome 添加在图像周围。很多年来，我和我的前团队一直避免这么做。我们试图将任何在具体浏览器中设计模式的出处移除，同样 Chrome 不会让你的设计看起来更好。

9.2.1 手动截屏

手动截屏很简单。在最坏的情况下，你只需要按下“打印屏幕“键或者用你系统内自建的屏幕截图应用程序。一个屏幕截图应用程序的选项越多，效果越好。我推荐你不要在截屏中插入 Chrome 浏览器。如果你愿意的话，使浏览器保持未知状态（见图 9.2）。这里真正重要的并不是浏览器，无论怎样客户都会知道你正在设计一个网站。从截屏中删减菜单和 Chrome 浏览器是件冗长的工作，所以你要选择合适的工具以避免这种问题。

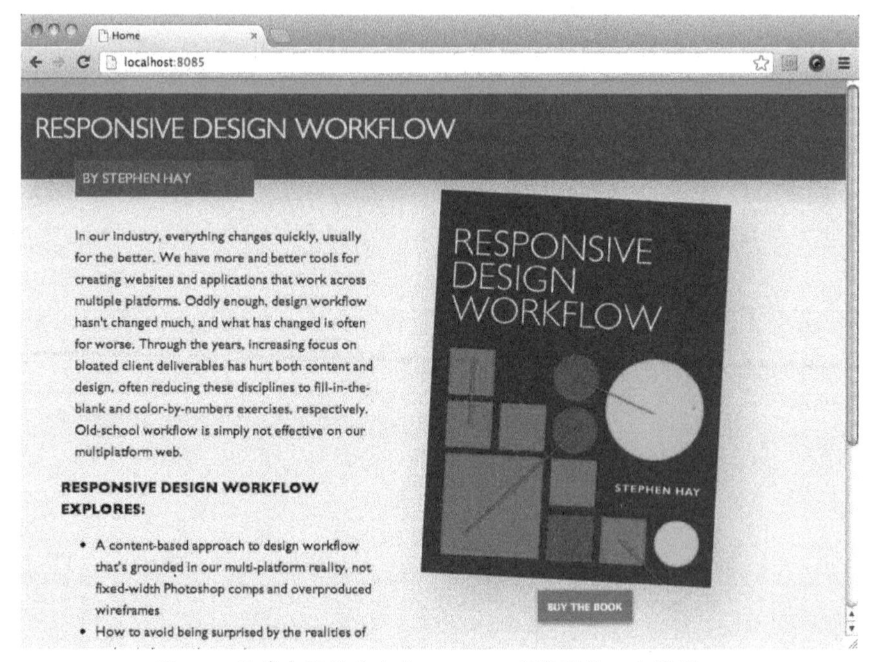

图 9.2　尽管在设计中包含 Chrome 浏览器是一个惯例，
但是它没什么用，也没有改善设计的作用。

因为这些都是关于响应式设计的，我建议你在每一个断点对每一张屏幕都进行截屏，这样你就会非常了解这个阶段的情况。因为这是关于设计的印象，不同的平台和浏览器都不是问题，具体的交付成果也不是问题。你可以仅仅打开你喜欢的浏览器（如果你的设计和预期一样的话），同时重新调整窗口的宽度直到与第一个断点相符，进行截屏。调整窗口与下一个断点相符，进行截屏。继续以上的每个步骤直到你在每一个主要的断点都进行了截屏。对你设计的每一个屏幕都进行以上操作。

手动截屏很简单。事实上也很有趣，至少直到你必须对设计稍作改动和制作新的设计时，自动截屏才会派上用场。

9.2.2 自动截屏

多亏了可编程的浏览器，使得写脚本自动截屏成为可能。其中一款“无头”的 Webkit 内核浏览器 PhantomsJS，可以通过 JavaScript 进行控制。“无头”模式意味着没有图像化的 UI，你看不到这个浏览器。因为它和苹果 Safari、Chrome 很类似，都拥有 Webkit 内核（尽管并不完全一样）。PhantomJS 通常是用来测试网站自动化的，但是同样可以提供截屏功能（见图 9.3）。

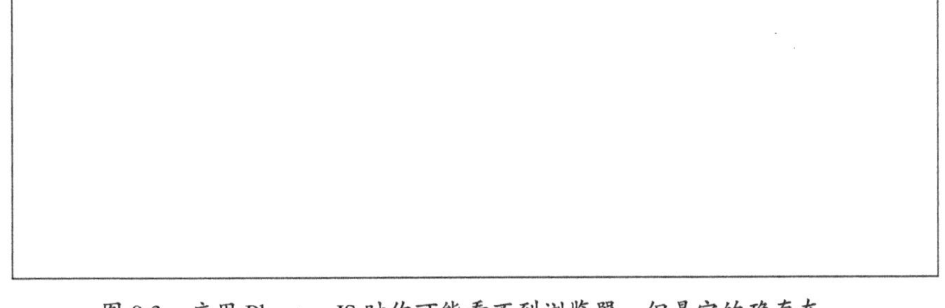

图 9.3　应用 PhantomJS 时你可能看不到浏览器，但是它的确存在。

应用 Dexy 时，这个过程将会涉及创建和熟悉度等问题。一旦完成之后，你就会发现添加新的截屏变得很容易。应用自动化方法的另一个好处就是，当我们在第 11 章中学习创建设计文档时可以自动截屏。现在获得的任何经验可以使之后做事情变得更容易。

1. 安装 PhantomJS

一种叫做 CasperJS 的小工具可以使 PhantomJS 的脚本编写变得很容易。如果你想继续的话，需要同时下载 CasperJS 和 PhantomJS。到对应的网站下载安装包，按照安装提示进行操作。就是这么简单，现在你可以在你的终端检验它是否运行正常。

```
$ phantomjs --version
```

切记不要打成美元的符号，你可能有这种冲动。这条命令执行后会输出一个版本号。我的是 1.7.0。如果你已经安装完 PhantomJS，按照这样的步骤对 CasperJS 进行测试。

```
$ casperjs --version
```

同样会出现一个版本号。如果你已经得到这两个的反馈的版本号，那就意味着你已经成功安装了 PhantomJS 和 CasperJS，可以顺利地进行接下来的操作。

2. 编写你的截屏脚本

我们打算应用 CasperJS 进行接下来所有的脚本编写，因为相对于直接用 PhantomJS 这样做更容易。首先，在你的设计目录中创建一个叫 screenshots.js 的文件，然后打出下面这行：

```
var casper = require('casper').create();
```

保存这个文件，然后在设计文件夹中创建一个叫 screenshots 的文件夹。现在运行 dexy 服务器，然后注意 Dexy 给你的网站。我的是：http://localhost:8085。你想要将 Dexy 给你的网站应用到脚本中。以下面这种方式开始输入：

```
casper.start();

var baseUrl = "http://localhost:8085"; // The URL should be
→the URL you got from "dexy serve"
```

这样就相当于命令 CasperJS 开始操作并且建立基本网站。现在让我们来创建可以用来截屏的视口宽度序列（对于非编码者而言，序列意味着系列，但是这样叫让人听起来印象更深）：

```
var breakpoints = [400, 600, 900, 1200];
```

一旦我们在一个网页上，就想要对每一个视口宽度进行截屏。最有效的方法是循环各种宽度值：

```
casper.open(baseUrl).then(function() {
    breakpoints.forEach(function(breakpoint) {
        casper.viewport(breakpoint, 800).
        →capture('screenshots/' + breakpoint + '.png', {
            top: 0,
            left: 0,
            width: breakpoint,
            height: casper.evaluate(function(){ return
            →document.body.scrollHeight; })
        });
    });
});
```

读起来很像自然语言：“打开基础网站，然后在断点单的每一个断点上，设定相应的宽度和至少 800px 的高度。对网页进行截屏，然后在截屏文件夹中将生成的文件保存为“[breakpoint].png”。

通过这样的方式进行循环，使添加和移动断点变得很容易。仅仅通过添加或者移动断点序列值即可。

文件的最后一行应该是：

```
casper.run();
```

保存文件并且运行脚本：

```
$ casperjs screenshots.js
```

几秒之后提示会重现，在命令栏运行一秒钟或者打开截屏文件夹。你应该会看到一个包含了图像集的断点文件夹，打开检查。只要自动截屏就行！当你对设计进行修改时，只需在终端运行 casperjs screenshots.js，稍等片刻，这样你就可以获得截屏了！

要是你的设计多于一页该怎么办呢？在那种情况下，势必要循环两次。一次是对一系列的网页，另一次是每一页的断点。首先，添加一系列网页和截屏文件夹的名称：

```
var baseUrl = 'http://localhost:8085';
var breakpoints = [400, 600, 900, 1200];
var links = [
    '', // an empty string means the home page
    '/chapter1/' // if you have more levels it would be
    →something like /chapter1/errata/
];
var screenshotFolder = 'screenshots';
```

因为链接和截屏文件夹都是字符串（用数字代替文本），它们需要像所示的那样引用。接下来，为了构建文件名称创建一种功能。这样允许简单的链接进入序列，用文件名称加下划线的方式来代替链接中的斜线。

```
function nameFile(link, breakpoint) {
    if (link == '') {
        var name = 'home';
    } else {
        var name = link;
    }
    return screenshotFolder + '/' + name.replace(/\//g,'_')
    →+ breakpoint + '.png';
}
```

最后，重新书写屏幕截图功能，可以做到一个接一个地打开网页，之后又可以在每一个视口宽度上截取屏幕。用这样的方式来代替目前的截图功能：

```
links.forEach(function(link) {
    casper.thenOpen(baseUrl + link, function () {
        breakpoints.forEach(function(breakpoint) {
            casper.viewport(breakpoint, 800).
            →capture(nameFile(link, breakpoint), {
            top: 0,
            left: 0,
            width: breakpoint,
            height: casper.evaluate(function(){ return
            →document.body.scrollHeight; })
            });
        });
    });
});
```

根据页数和视口数量，这将会成为一个非常“昂贵”的脚本，同时也会花费若干时间去运行。记住它正在为你截屏，比手动操作快。顺便说一下，你可以应用这份脚本在任何一个分辨率的网页中进行截取。只需输入想要的基础网站和网页，进行保存然后再运行。

当你完成时，在截屏文件夹中应该有 PNG 的图像集。这些都很完美，同时你已经准备好向客户进行展示。与此同时我知道，你不需等客户做出任何变更。所以你可以在设计中实施，再一次运行 casperjs screenshots.js。这就是所有的乐趣所在！

9.3 展示截屏

一旦拥有了截屏，有以下3种展示的方式。

1. 打印出来粘在你的演示板上（这种方法已经很古老了，但是你可以把打印纸作为投影仪的一个补充）。
2. 当你的客户和老板们聚在一起，驼背坐在那里时，你可以通过你的电脑屏幕向他们展示。
3. 使用投影仪。

我倾向于第三种方式。假设你以闪电的方式考虑事物同时又使用一个好的投影仪的话，投影这种方式可以使每个人都清晰地浏览相关的内容。你可以控制观看的速度。在展示板上展示同样奏效，但是它会给人留下一种你只是在展览美图的印象。面对客户，在你做的每一件事上成功地应用一些技术，会或多或少地影响别人对你能力的看法。向你的客户展现出控制技术的能力，并且把它应用到最好。

另一个应用屏幕或者投影仪的方式进行展示的优势就是，可以在其他例子或资源中，与你的展示之间自由切换。

除非你只是对个别人进行展示，否则应尽可能避免用笔记本的屏幕进行展示。这里存在视角问题，有时会不小心干涉到他人的隐私。再次强调，让每一位观众感到越舒适越好。

最后，将截屏复制到展示软件中，然后以这种方式运行（见图9.4）。甚至可以在一个标题下添加下划线和在它们之间加一些重要的点。使用一个手动式的演示链接键（另外一点是，如果它有激光式的设备的话）。对于客户而言，很少能有事情比看着某人笨拙地用手动操作的方式打开第二十七页截屏，然后通过触控板关掉窗口更糟糕了。

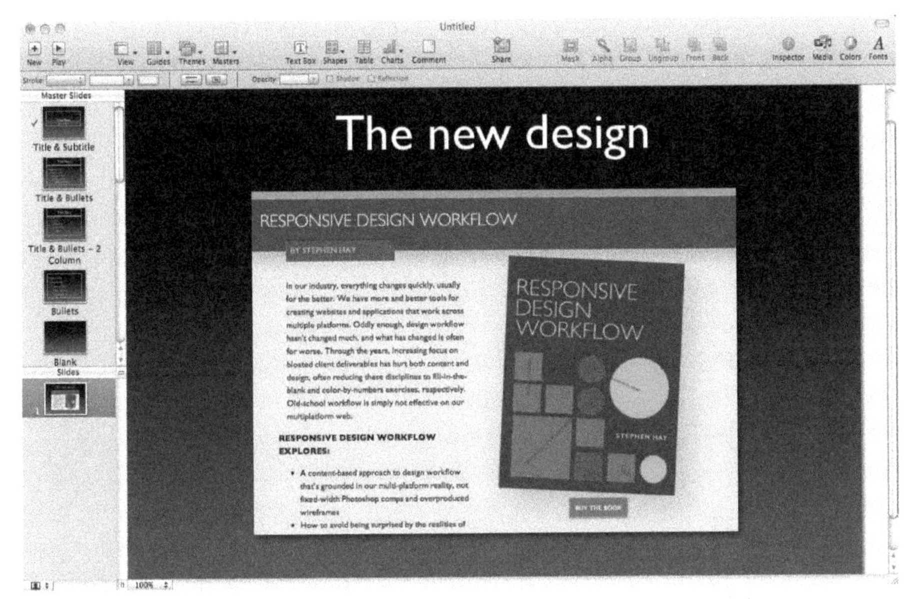

图 9.4 一种展示截屏很有效的方法就是将它们包含到幻灯片中去。

保持对于截屏可视化设计部分的讨论。第一个目标就是看你是否处在正确的方向上。如果不是，其他任何有关设计的讨论都是白费的。如果事实证明你的方向没有问题，这就是开始和客户讨论其关注问题的最佳时机，例如与内容相关的具体问题。

如果你的客户真的不喜欢你的设计的话，你只好重新展示截屏，也就意味着又得回到图板上。老实说，如果你的客户一直参与到你的工作流程当中，这种情形是极少发生的。在这一点上，并没有太多令她不满意的事情惊吓住她。但是，这种情况还是会发生。客户仅仅是不喜欢你已经做出来的东西也是有可能的。如果真的发生的话，在你调整设计时重新使用截屏。如果客户认可你的幻灯片的话，下一步你可以准备在浏览器中展示了。

在最后的设计文档中我们还是会用到截图。但是现在，我们可以放下截图了，让我们进入设计变成产品的最后阶段。

第 10 章

成果展示：浏览器体验

在讲完上一章截图之后，相信你一定像得了脱瘾症一样迫不及待地想回到浏览器。保持冷静，我们正把注意力转回到浏览器上，事实上，不是一种、两种，而是你身边所有可用设备上的浏览器！

一旦客户对你目前设计的大体方向表示认同就不需要再展示图片了。这个时候，在所有页面上的细致反馈将显得更加必要，而不只是你用截图所展示的少数页面了。既然你已经有了静态页面，那么，是时候在浏览器上向客户展示你的设计了，并且是在任意的浏览器上。

这个展示过程，不仅对你的客户有好处，你作为设计师，你清楚你的设计应该怎么去展示和表现，所以这也正是你去验证它是否会按预期展示的机会，或者它是否还需要一些调整，并做一些记录。在这个阶段，你未曾考虑到的因素会出现，并且将影响设计的呈现效果，你的客户会增加更细致的需求。你还会发现你所列的 10 条列表内容其实可以扩展为 100 个小点甚至更多。不仅如此，你还需要一个过滤机制过滤出哪些是需要的。类似的信息会越来越多，这就意味着你可能需要改变设计的方向。

你的设计会在各种设备和各种平台上展示，一旦开始观察这些呈现效果，你会发现它并不总是会呈现得跟设计的时候一模一样，你会发现很多的 bug，我再重复一遍：你会在你的设计中发现很多的 bug。

10.1 你会在你的设计中发现很多的 bug

很明显，你需要在浏览器上来检查你的设计。记得在上一章里，如果你按照我讲述的步骤来做，那么你的截图是在一个 WebKit 内核的浏览器上得到的。但是，其他种类的浏览器也非常多，它们运行在不同的平台上，比如，台式机/笔记本电脑、平板电脑、智能手机、功能手机、液晶电视、游戏主机，等等。你的网站很可能会在上述的一两种环境当中显示得很糟糕，甚至可能是好几种。这是你要清楚认识到的（当然这也是一件好事），但是也没有必要过分担心。如果你是这个项目的开发者，你可以有以下两种选择。

1. 修正你设计当中的 bug。
2. 暂时不予处理但记录下它原本所应被展示的样子。

在你做出选择之前，你有以下几点可以考虑的因素。

- 你是否是一个开发者？你是否有能力自己解决或者通过同事的帮助去解决问题？
- 你的网站是否需要在任何浏览环境里看起来都很完美？很可能不需要，不过，它至少不能看起来很糟糕，而且它绝对要在任何环境中都可用，特别是在最常见的浏览环境中。
- 需要花费更多时间的是，在你的设计原型中修复设计或者记录下它在给定的浏览环境中应该怎么展示和运行。
- 你的代码中是否有错误？或者你的浏览环境是否有一些限制或 bug？
- 你预计投入多少资金花费多少时间？

考虑上述每一条因素之后再作出决定吧。在下一章当中我们将会来讨论怎么去创建一个设计文档。在考虑过上述的因素之后，无论如何，我还是会建议你试着去修复设计原型中的问题。当然，记录那些在原型中不是很具有代表性的问题是很耗时的。你需要在一个可视化的环境中去验证它，验证的时候一般需要一份给定的内容，然后看它在给定的屏幕或者组件上应该怎么展示。而每每有类似的小问题出现你都不得不这么去记录的话，相信你肯定忙不过来，并且你会不开心的。

10.2 沟通与协作

在完成项目的过程中，有两个潜在的陷阱：一个是认为“我会在开发过程解决这个问题”，另外一个是“嘿，蒂姆看呀，在这个平板电脑上菜单栏跳到另外一行了，回头记得把这个修正一下”，好吧，这两个听起来像是同一个问题。

响应式设计流程能够帮助你避免这样的陷阱，主要是因为在每个阶段它都能有一个有效的解决方案。在每一个点它都有可交付的成果被设计用来交流问题、选择、要求或者记录下已经存在的这些内容。

在每个阶段里，通过交流沟通都能产生可交付的成果，利用这些可交付的成果，可以避免目前流水线式的 Web 工作流程中所产生的综合问题，比如，成员 A 将产品交付给成员 B，而 B 又将产品交付给成员 C，诸如此类。这种传统的方式把难题都推脱给了别人，包括离完成时间越来越近的压力，这直接是甩到了流水线中最后一个人的大腿上，而通常这些人都是开发者。

这是不公平的，而这种现象可以通过交流和共同工作的方式来轻易地避免。听起来很不可思议吧？

本书的工作流程的一个创新之处是，每一个阶段的交付成果都牵涉更多的角色。设计师在整个过程中都全程参与，开发者也很早就参与到项目中。内容清单不仅仅用来创建线框，也是贯穿整个项目的必须要素。这个过程可以减少这样的情况发生：设计师和开发者各自得到了一堆很零散的成果，而剩余的时间却不多了。

展示截图允许我们集中精力来讨论视觉上的设计，而在浏览器上展示静态页面能让我们专注于前端方面的设计细节。当同事们以他们的专业背景来看待这些设计原型的时候，那些潜在易犯的错误会被发现。而如果只通过看 Photoshop 文件或者截图，这些错误往往很难被辨识出来。另外，开发者们可以很容易地看到设计出的那些组件应该怎么工作，并且他们会开始思考思路，着手开发。

最重要的是，关于“网站看起来与它设计的不一样”这样的讨论几乎就不会出现了，因为设计原型中的大部分内容都是基于它的设计目的而设计出来的。此外，如果你想要避免讨论网站在某个浏览器上该如何展示，那么，就在那个浏览器上展示这个设计。你甚至可以在多种浏览器上去展示设计，以此来避免不同浏览器上可能给你带来的“惊喜”。而你所要期待的只是开发者是否会紧跟着设计的细节去开发，将设计原型作为引导。

10.3 怎样去展示你的交互原型

在截图展示阶段，你应该已经开始让客户明白，你的设计过程是这样的——只有在对设计方向认同的基础上，你才会把设计展示到浏览器上。这也是本书所强调的方法，你可以向客户列出这样做的好处，直到这种做法成为一种规范。你可以将它作为一种附加价值，因为事实上对你和客户来说它确实是一种附加价值。

在上一个阶段，你进行截图展示的时候，投影仪对于展示是非常重要的。而这次你又要把静态页面也用投影仪来展示，并且还要耐心地去展示你的设计，花时间去回答任何关于你所展示的静态文件的问题。

10.3.1 用设备来让你的设计更有说服力

许多设计师想出了很有趣的思路，从而只需要部分地去表达一个可视化的设计。这正如我之前所提到的那样，主要是因为网页设计不仅仅是视觉上的。它是视觉元素、内容和它们相互作用的组合，确切地说是一种体验（这就是为什么我们还有用户体验设计师 UED，不过，这得放到另外的时间来讨论了）。你可以这样来想：每一个在网站上工作的人员共同来促进用户体验，然后在浏览器和真实设备上去展示。当你向你的客户去介绍网站的用户体验的时候，这是一种非常好的做法。

在做展示的时候你最好带一些不同的设备。在我的公司，智能手机出现之前，我们在一些功能手机的浏览器上测试网站。当时，很少有人在他们的手机上浏览网站，但是，当我在客户面前掏出我的索尼爱立信 K800i 手机，并用它来展示他们的网站能正常运行的时候，客户们还是留下了很深刻的印象，因为他们惊讶于网站在手机上竟然也能展示出来。

而如今，客户们越来越希望网站能够在多种设备上正常运行。然而，在设计阶段，他们没有在不同设备上正常展示网站的硬性。看啊，他们就只关心最后的成果，所以我们在设计阶段就得在各种设备上向他们展示我们的设计。

如果你用笔记本电脑来展示你的设计那也很容易办到。确定所有的设备都连在同一个本地网络中，并且用你的笔记本电脑来创建服务展示静态页面（如果你没有可访问的网络，那就看看你是否可以把自己的笔记本电脑变成一个无线接入点）。你可以简单地浏览设计原型的页面，并且邀请客户团队的成员去做同样的事，比如他自己的设备。

10.3.2 解释你的设计

由于你的客户已经看过了视觉设计的屏幕截图，那么现在就要强调这个设计在浏览器中的具体表现了。像放大、缩小的类型、什么时候大图和小图进行切换或者你怎么确定设备类别，等等。针对这类涉及具体设计的解释是没有坏处的。这些细微之处如果能被恰当地展示，会让你的客户对你所完成的内容感到惊喜（以我的经验看来，客户们往往喜欢向别人指出问题。从某种意义上来说，你使他们体验到了炫耀的乐趣）。

接下来，要向客户展示这个设计是如何响应页面的一些变化，比如定位、像素密度或者是设备的一些特性。当你第一次展示静态页面的时候，比起让客户按他们自己的想法去浏览，你自己作为向导来引导他们将显得更好。

这就是让你去控制展示什么内容，这里的重点是引导客户。一旦已经演示了一些重要的页面，你就可以邀请你的客户自己浏览了，让他们自己去感受一下它是如何工作的。最初展示的时候，对于客户有可能提哪些问题你要心中有数，并且尽量帮助客户建立一个更加积极的用户体验（“哇哦，它挺不错的，当屏幕变为横向的时候它又自动增加新的一列了！”）。

在为客户阐述内容为先的响应式设计原则时，你的文字和措辞也是很重要的。首先，从低端的以及稍微智能一点的设备开始，先在这些设备上展示基本内容和基本功能，然后逐步地更换功能更强的设备，并指出新设备所能支持的设计当中的新特性。这个过程能够深刻地改变人们对响应式设计的认识。从“当我在手机上看的时候，所有内容都是垂直地堆叠在那里的”变成“我们一开始看到的内容是垂直堆叠的，但现在在平板上看就完全不一样了，真神奇！”这是一个强大的概念，一个让我的客户们看到区别之后由衷赞叹的概念。

10.4 测试和客户审阅

静态页面有一个优点，它在初期的阶段可以进行各种可能的测试，比如可用性、可访问性或者是进行 A/B 测试。这些测试都是很值得去做的，因为在这个阶段，如果你的设计需要作出改变，所花费的成本将会比正式开发的时候低很多。这个阶段所需要考虑的其他因素很少，因此，一旦发现了需要调整的问题就可以很容易地进行单独修正，你不需要担心其他的内容也需要变动。对设计先进行响应测试而后再进行调整，这意味着在正式开发阶段将会出现更少的问题。不过，如果客户们不想进行这个“额外的”测试，那就给客户举几个例子来说明这种做法到最后其实是最节省成本的做法。

不要太现实

当我们在真实设备的浏览器上审阅一些有形的和现实的东西的时候，客户们可能会忘了她正在看的是一份设计，与最终完成的网站是有区别的。所以，要跟他们强调当前看到的事实上只是一个例子。在这一点上我有三个有用的建议。

1. 保持关注。认真听取客户的评价（不管怎么说这都是一种锻炼）并且对有可能与浏览器的 bug 有关的问题进行反馈。你可以像这么说："请记住这是最初设计，并不是网站最终上线的版本"。当然，不要一直重复同样的话，除非你想很快摆脱客户的追问。

2. 解释设计的特色而不是功能。不要陷入像这样的讨论，"服务器是如何处理提交过来的表单""内容管理者如何发布网站内容"，如果有类似的讨论主题，你都应该强调这不是最终上线的产品，尽管它从视觉效果上看显得很真实。有时，当我在展示一个设计的时候，客户看到一个表单元素，讨论就被转到了类似服务端的缓存或者是她想要使用的邮件通讯软件。这些可能看起来是很有趣的讨论主题，但不是对我而言的，也不是现在马上需要讨论的。当然，关于像悬停效果这样类似的客户端和前端的问题倒是可以进行讨论。

3. 使用目录。不要试图制作一个实际的网站原型。换句话说，即使你设计的页面是在一个流程里一页接着一页的，也不要把它们直接链接起来，而是通过一个目录来访问所有的页面。这就除去了任何方式的导航流程，使客户们更切确地明白这仍是一个设计。

10.4.1 客户审阅

当然，在这个测试阶段最主要的形式就是带着客户展示一遍静态页面并观察客户的反应。我们自己可以不用认为这是测试，但是，我们需要对客户提出的每一条评论做出回应，把这个问题解决，或者一起来讨论，或者把问题延后讨论。

一般来说，永远不要无视客户的评论。这会给客户带来不好的印象，让人觉得你没有在认真听，并且不把客户的意见当一回事。要知道你是一个为客户的目标服务的设计师，而不是一个艺术家。而且，客户是有支付给你薪水的，所以，你至少应该考虑一下客户所关注的东西（你可以稍微暂停一下，把视角调整一下向上看，或者抓一抓你的下巴，让客户觉得你在思考），然后理性地做出回应而不要陷入争论，即使你有你自己的立场。

由于设计有时候更像是卖身而不像艺术（比如“我当然可以为你做到那些，不过那就需要增加你的预算了”），一些客户特别希望你能为他们做任何他们想要做的事。这听起来确实有点令人沮丧。没有什么会比客户对你说“请把所有的文本颜色设成品红色”这样的事更糟糕的了，因为你知道那样改的话，会使页面看起来很糟糕，可读性非常差。你可能想要去打开你的开发工具马上改变一下颜色让他们看看这个想法是有多少愚蠢。不过我并不推荐这种做法，因为这么做客户还是有可能会说：“你瞧！它看起来确实不错！”。正确的做法是你应该试图去发现客户所关注的是哪一方面或者是他想要解决的问题。

一般来说，我发现在讨论当中充分利用好时间对你是会有帮助的。你可以让客户去看一下调整过后的一些改变，以便能让他们稍微等一下，这就会给你空出一点时间去考虑问题或者是想出两全其美的办法，既能保证设计不做太大改变同时又能解决问题。然后，你可以决定仍旧向客户展示一下糟糕的品红色的文本到底长什么样，虽然它只是改了一行 CSS 代码。为了使这个迭代方案看起来更正式，这个时候最好做一下笔记。

10.4.2　做好笔记

做笔记是很重要的，我相信你在工作中是做过笔记的。做笔记可以记录下需求，这样你就能分辨出哪些是项目范围外的新需求。当然，笔记也可以在修改的过程中为设计师和开发者们提供一个任务清单。毕竟，你不想在和客户开始讨论的时候出现这样的对话："我不是在电话里跟你们说过，logo 要大一点吗""哦，我不记得了…""好吧，你应该更注意一点"，相信你肯定不想有这样的经历。

对静态页面可能会有设计审阅的会议，在会议开始之前，你要告诉客户，你将会把关于设计需求方面的内容记录下来。如果你不想自己亲自来做笔记，你也可以叫团队其他成员来做这件事。在讨论过程中需求等内容会被记录下来，而事先声明你的做法是很重要的，因为这是很巧妙地让客户知道事后通过类似"你难道忘记了我说过…"这样的托辞而提出的新的需求将不会被接受。老实说就是，我们记不住我们没有记录过的内容。所以，要做好笔记。

至于笔记的形式，那就取决于你自己了，像记录在纸上，保存在文本文档里或者用思维导图的方式记录都可以。不过，还有另外一种做笔记的方式，开发者的聪明才智可以帮助我们直接在浏览器里的静态页面上做笔记。

1. 在静态页面做笔记（在浏览器里）

有几个 Web 应用允许你直接在你的静态页面上新建类似便签的笔记。也有与这个类似的方法，那就是通过简单的代码把我的笔记显示在静态页面上，这样就不需要依赖第三方的应用了（虽然使用第三方应用也没什么本质上的错）。我曾经尝试通过本地存储（LocalStorage）来创建一个简单的响应式的 Web 应用。localStorage 难道不是一个做笔记并保存记录的好方法吗？答案当然是肯定的，事实上通过网页便签式的 Web 应用所保存的笔记都在那里。为了使它变得相对简单而且还具有一定的可扩展性，我在 Sharp 样例（见图 10.1）的启发下，开发了我自己的笔记应用。

如果你看到图 10.2 的时候，稍微眯一下你的眼睛，它看起来就会像是一个便签了。不像吗？或许，你该用力地眯一下。开个玩笑，它真正的用意当然不是看起来一定要像个便签，而是在页面上有个合适的地方可以快速地做笔记。

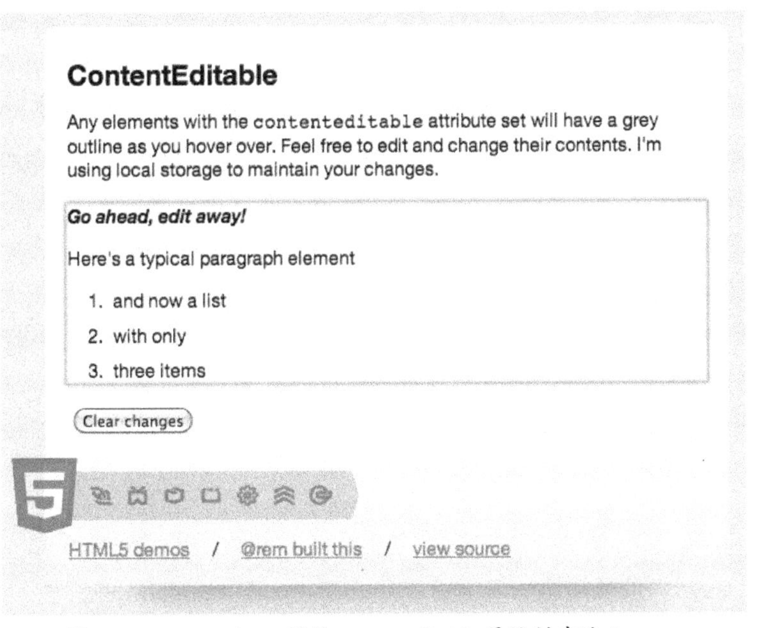

图 10.1　Remy Sharp 利用 contenteditable 属性创建的 demo，展示了其如何与本地存储结合使用。

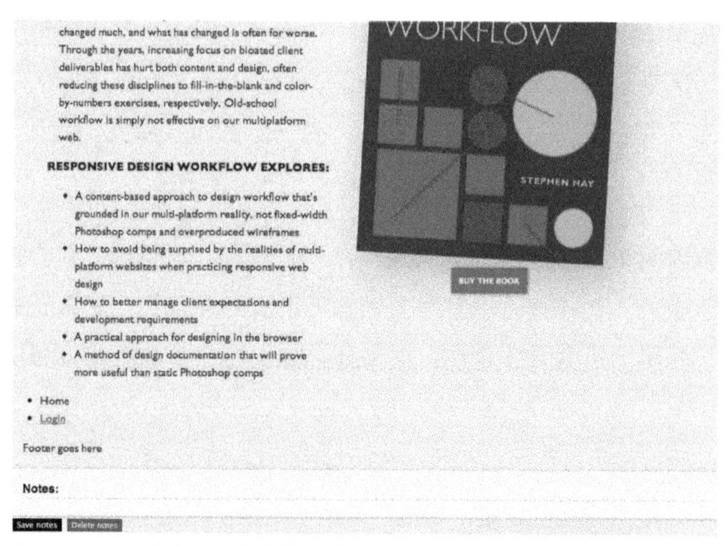

图 10.2 我们的笔记功能看起就像一个标签不是吗？或许就一点点吧。

幸亏有 localStorage，我才能实现在浏览器上保存我们的笔记，虽然只能在我们当前使用的电脑上输入内容。如果你为自己或者客户做一个完整记录的习惯，那你可以把笔记复制粘贴到一个更大的文本文档里，不过，我发现把笔记留在静态页面上也是有好处的。

让我们看一下怎么去创建一个易于实现而且使用方便的笔记功能。

2. 笔记“应用”

如果你只是想使用这个笔记功能，你就不必需要学习怎么使用 localStorage。只要阅读一下下面展示的 Sharp 和 Heilmann 的例子，并理解他们代码的原理就好了，毕竟对这个他们懂的比我多。

这是 JavaScript 语言，只要在每个 HTML 文件的 </body> 标签之前放入这些代码，我们就可以在每个页面上实现这个笔记功能了。如果你使用的是 Dexy 生成你的静态页面，那你只需要把下面的代码放到项目文件里的 _base.html 文件中。

```
<script>
    var title = document.title;
    var note = document.querySelector('#notes');
    var saveButton = document.querySelector('#save-notes');
    var clearButton = document.querySelector('#clear-notes');

    function getNote() {
        if (localStorage['note_'+title]) {
            note.innerHTML = localStorage['note_'+title];
        }
    }

    function saveNote() {
        localStorage['note_'+title] = note.innerHTML;
    }
    function deleteNote() {
        if (localStorage['note_'+title]) {
            note.innerHTML = '';
            delete localStorage['note_'+title];
        }
    }

    document.addEventListener('DOMContentLoaded', getNote);

    savebutton.addEventListener('click', function(e) {
        saveNote();
    });

    clearbutton.addEventListener('click', function(e) {
        deleteNote();
    });
</script>
```

下面是对这段代码的核心要点的解释，我不会提及 localStorage 的具体工作细节。

首先，定义它的标题（每个页面的标题都必须不一样，否则就会覆盖掉之前的存储内容）和笔记的区域，以及我们所使用的保存和删除笔记的按钮。然后，告诉浏览器怎么去获取笔记内容，怎么去保存，怎么去删除，并且要确保当我调用页面的时候，页面上已保存的笔记能够正常显示出来。最后，把保存和删除的功能附加到对应的按钮上就可以了。

到目前为止一切看起来都很简单，不过别忘了，我们还没在静态页面加上对应的按钮和笔记编辑区呢，所以，我们还需要把下面的代码加到刚才加入的 javaScript 脚本 <script> 标签的前面。

```
<div id="notes" contenteditable></div>
<button id="save-notes">Save notes</button>
<button id="clear-notes">Delete notes</button>
```

保存和删除的按钮必须要很明显。div 将是我们输入笔记的地方。你可以按自己的喜好样式化按钮和 div。

正常来说，你是不能直接在 div 里面输入内容的。所以，我们在这里设置一下它的 contentEditable 属性为 true，这样就可以编辑它的内容了。当然，这不是在所有浏览器当中都支持，所以，在这里你要选定使用一个支持的浏览器。总之，选择一个非常现代而且符合标准的浏览器去展示你的静态页面是再好不过的做法了。

尽管你可以按你自己的喜好样式化这些笔记元素，在这里我还是向你提供了一份我自己创建的简单默认样式。它与图 10.2 中展示的笔记样式比较类似，你只要把下面的 css 代码放到 base.css 的末尾就可以了。

```
/* Notes */
#notes {
    min-height: 2em;
    background-color: lightyellow;
    color: gray;
    padding: 1em;
    font: medium/1.5 sans-serif;
    box-shadow: 1px 1px 5px silver;
}
#notes::before {
    content: 'Notes:';
    display: block;
    color: black;
    font-weight: bold;
    border-bottom: 1px dotted tan;
}
#clear-notes,
#save-notes {
    border: none;
    background-color: black;
    color: gainsboro;
}
#clear-notes,
#save-notes:hover {
    background-color: dimgray;
    cursor: pointer;
}
```

调整一下你的思路吧，事实上如果你对 JavaScript 比较熟悉的话，你还可以在这个简单应用的基础上做一下加工，使它看起来更好玩一些。比如，可以让某个按钮控制笔记区域的显示与否，这样它就不会一直显示，控制它在顶部滑动或者是显示在屏幕的边栏，甚至可以用 CSS 给它加上动画效果，这样它看起来就更像是一个便签了。对我个人而言，我还是比较喜欢简单的实现方法，不过，Web 技术的乐趣就在于不断尝试和发现，所以，好好享受这种乐趣吧！

10.4.3　使用笔记去修改设计

将上面的那些简单代码联合起来，为每个页面上都提供一个做笔记的小功能。每个人在自己的设备上都可以看到，并且在很多情况下都可以正常使用这个笔记应用。不过，由于每个人的笔记都只保存在各自的本地设备上，所以，客户看不到你做的笔记，你也看不到她的。解决这个问题的方法有很多种，不过它们都超出了本书所讨论的范围。

所以，我建议你展示的时候可以在许多不同设备的不同浏览器上。不过，做笔记的时候要选择你的笔记本电脑上的一个比较新的固定的浏览器。这不是绝对的做法，不过，对于我来说我的笔记本电脑是我的主要工作机器，而我的其他设备一般都只是用来进行测试和展示。也就是说，当我需要调整设计的时候，我只在笔记本电脑上做笔记。

在讨论过程中，你只需要把客户提到的那些需求和待讨论的内容显示出来就好了。客户会理解笔记不是设计的一部分。所以，你只要通过这种形式把讨论的流程走完就可以了。

当你准备去进行修改的时候，只要打开静态页面，然后对照着笔记做出适当的修改，一个接着一个就可以了。当你完成了对所有静态页面的更改之后，你可以决定是否保留你的笔记。保留下来的话，你的每个设计就都有一个笔记的存档，或者你也可以选择把它们删除（记得是有个删除按钮的哦）。

当展示你修改之后的静态页面时，你可以滚动你的笔记并重申一下最后一次的修改要求是什么样的，然后向他们展示你是怎么处理这个问题的（见图 10.3）。

Notes:

- Colors in header don't match colors on book cover
- Navigation isn't styled correctly
- What do we want in the footer? Does there even need to be a footer?
- Book cover is too dominant
- Please make the logo bigger ;-)

Save notes　Delete notes

图 10.3　笔记可用于后续的客户讨论会议中审阅需求。

版本控制

本书提到的改进工作流程的建议中，使用的工具主要是开发者在工作中常用的一些工具，这些工具通常不在设计师的接触范围。所以，开发者们在面对问题、思考解决方案的时候有一定的优势。特别是涉及版本控制的时候，这种优势就会体现出来。

开发者们使用版本控制去跟踪修改源代码，他们编写并提交代码到版本控制库，代码会自动标上版本号。进行更改的时候，更改的内容会被提交并标上新的版本号。使用这样的一个系统对于设计师们有两个方面的重要意义。

1. 你总是可以在最新的版本上工作，而不必面对标有多个版本号的文件名，或者其他类似的处理不同版本的方法。
2. 如果你陷入了困境，或者由于某些原因客户说“让我们回到之前的版本”，那你只要回滚到那个版本就可以了。

版本控制系统，可以很复杂，像 git 或者 svn。我使用 git，大部分时间我只需要使用一些简单的命令。即使真的出现了什么问题，网络上也有非常多的容易理解的关于 git 的文档材料可以参考，所以我从来也没有碰到过我解决不了的问题。

在这个工作流程当中，由于你的大部分成果都是基本文本的（包括你用代码完成的设计），所以，我建议你研究使用版本控制来管理成果。使用这种方法，你对于内容库、线框图、断点图、原型等所有进行过更改的地方将仍旧保持原样。我打赌，一旦你开始使用版本控制系统，你将永远都离不开它。

http://git-scm.com/book 是一个流行的 git 参考内容。不过，使用“git”或者“版本控制”作为关键词在 google 上搜索一下你也能很快找到你需要的资源。最后，别忘了向你的开发者朋友请教，以我的经验，那些优秀的开发者们都喜欢与他人分享信息！

这个过程跟传统的设计修改过程是一样的：不断地重复修改，直到所有必要人员满意为止，然后项目可以投入生产。

如果你已经到了这个阶段，那就可以直呼万岁了！因为你已经差不多要完成这个过程了。客户已经批准了你的设计并决定投入制作，开发者们将会完成你的设计（或者你自己完成设计）。大部分设计师到这里就结束了他（她）们的工作，不过，对于你自己或者开发者亦或是客户们，要是有一份关于设计的所有方面的文档将会非常有帮助。设计文档，有时也称为风格指南，在这方面是很有帮助的。我们将在下一章讨论如何创建设计文档。

第 11 章

创建设计手册

大学的一天，平面设计课的教授向我们推荐了一套来自苹果电脑的设计规范。在此之前我们一直潜心研究 logo 和品牌形象设计，而这本书（它其实是一本书）却展示了形形色色的苹果视觉设计规范以及如何使用这些规范。那时苹果正处于多色值风格的后期，它的 logo 看上去就像是将一条彩虹置于苹果上，至少我是这么觉得的。我被这本手册的内容所惊呆了。它呈现了一整个完整的设计系统。和我们当时在课堂上花费数周时间才想出一个 logo 然后用简单的纸笔把它画出来相比，它的理念不知道要前沿多少年。这才是真正的设计。

在花费数天时间研究了书中所写的如何使用样式、如何设计广告等内容之后，我开始去思考这本书的创作过程。从编写书本内容到设计版面到最终出版得是多么浩大的一个工程啊。书中的任何一个内容都经过仔细推敲，才使得使用该规范的每一个设计师都能采用相同的设计理念以保证产品的一致性。这本书将各式的创意浓缩成了一系列的规则。简直是太赞了！

很多年过去了，我也开始编写设计规范，不过不得不承认相对苹果设计指南来说只有很小的改动。我一点也不喜欢这样。创新似乎就此停滞不前了，我曾设计过很多有代表性的基础模块，但是把它们整理成文档却是我最不喜欢做的事。尽管有些项目也不得不写。所以如果没有明确要求，我就不会主动去写。当我要去负责一项额外任务时，也就是说被客户要求要写一份年度总结报告，我就会简单地回顾下之前为这个客户所做过的类似的事情，然后抽取一些公用的部分以供该系统使用。老实说，真的很费时。

如果当初能花一些时间去整理文档，那在之后的每次的设计过程我就有一系列可复用的模块来作为基础了。引用一句对每个人的都适用的谚语：“优异的判断来自于经验，而经验来自于拙劣的判断。”于是我开始对之前做过的系统做些整理，即便只是为了方便我个人以后遇到的相同的客户可以直接复用。

11.1 网页设计规范

设计规范、样式指南、设计标准、特性规范其实都是同一所指，它们服务于平面设计已经有一段历史了。而对于网页设计来说还没有那么普及。不过在写这本书的当下情况已经有所改变了，Anna Debenham 写给 24ways.org 的一篇文章就引发了大家对网页设计规范的广泛兴趣。

网页设计规范的重要性不亚于平面设计。因为做平面设计的不一定会做网页设计，传统的平面设计标准也不能涵盖网页设计的方方面面。当然也取决于合作的客户、设计公司以及项目的类型，但作为一名网页设计师我们应该形成一些属于我们自己的规范文档并严格贯彻实施到整个设计流程中的每一部分。同时也要把设计文档考虑到项目的预算中去，形成一个系统体系。

在网页上生成手册比印刷纸质手册好处多多。其一是创建一个基于浏览器的指南花费更少。虽然不是在设计上花费更少（尽管大部分的网页指南都没有印刷的纸质指南设计得好），但在整体花费上网页指南确实要更少。至少不用去印刷和制作一本书。同时当整个设计体系发生变更时，基于网页的设计指南也能更快、更方便、花费最少的更新过来（见图 11.1）。所以我真是不能理解为什么市面上还有印刷出的纸质指南的存在，也许自有它的理由吧。毕竟，传统的纸质指南内容都设计得很精美。

另一个好处就是网页可以轻易地链接到设计需要用到的一些资源。比如如何制作一个广告？从菜单中选择广告栏位，查看广告创建过程的说明再去下载相关需要的素材就可以了。由于现在所有的平面设计工作流程都数字化了，网上可以下载各种各样的素材，logo、网格布局模板、颜色选项和打印预览设置等。

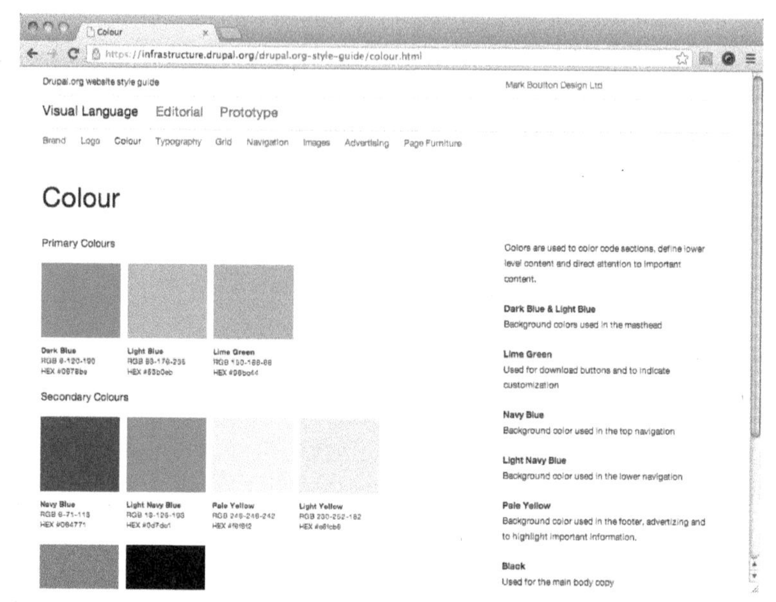

图 11.1　网络上的样式设计手册，由 Mark Boulton 为 Drupal.org 网站所设计，相比纸质手册更便捷。

网页设计也是如此。除了能获取到设计系统一些基本规则之外，像图标、字体、图片和 CSS 代码片段等静态资源也都能提供给设计师们使用。

把网页原型作为与客户和开发者交流的基础是足够了，但用它来诠释整个系统还是远远不够的，所以这也是我坚持要把创建设计文档列入响应式工作流程的主要原因。原型只能说明这个系统的用途，它既不能用于解释这个系统本身，也不能用于说明如何通过这个系统衍生出其他的程序。所以这就是我经常所说的原型和设计文档两者结合起来才是新的工作流程中的王道和潜在的 Photoshop 复合图层的替代者。尽管说实在的，我从来不觉得单单靠 Photoshop 复合图层就能实现一个系统。

基于网页的设计文档可以做上述各种事。不过重点还是要先写出文档。

11.2 设计手册的内容与结构

可能每一个设计师都有自己的见解，但其实在创建手册的时候并没有什么约定俗成的规则去规定哪些是必须要写进去的。我最喜欢纽约 Massimo Vignelli 的交通图形手册（见图 11.2）。光看这个目录，你就知道它是设计文档的标杆。

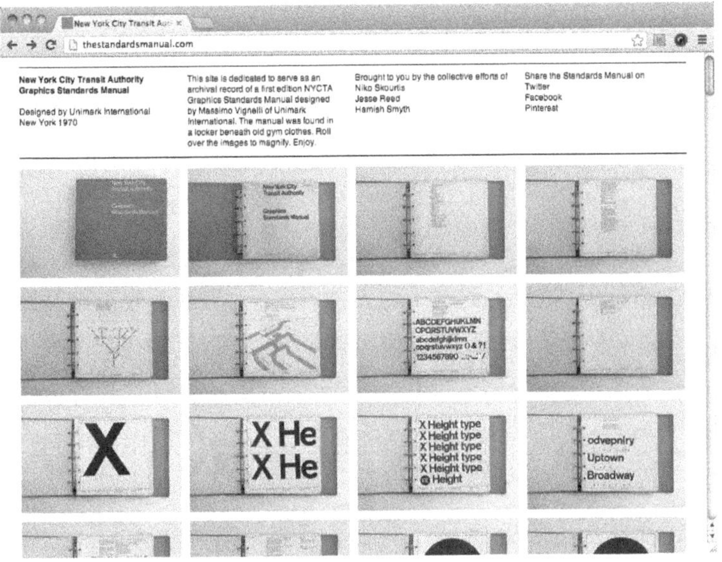

图 11.2　20 世纪 70 年代纽约交通局的设计标准手册，光看内容就知道它的应用场景了。

也许你也觉得手册的内容没有固定的格式，但是下面的几个主题还是可以考虑应用到你的设计手册中去，不过也要考虑它是否和你的项目有关联，以及你的项目所属的领域。

- 设计理念 / 背景资料
- 布局 / 栅格化系统
- 排版
- 颜色和文字
- 图像（插图或照片）

这种格式的目录在很多手册中都有运用。将所有这些主题都涵盖进去是完全可行的（也许显得更有条理性），但还是要根据一个网站对应的版块或组件来设计整个手册的架构会比较好。

核心还是要结合场景描述哪些元素可用、什么时候用以及如何用。譬如“你可以用这些素材来制作一个飞机模型，同时描述如何去做。”

当你在创建你自己的设计规则时，不要随意去抄袭别的手册的内容，而是仔细地排查确认哪些才是适用于你的项目和项目中具体的某些元素的。因人而异，无章可循。

网页设计规范的不同点

当你为网站编写设计规范的时候，你会发现很有必要将颜色选择及使用说明这一部分包含进来。很多场合都需要使用调色板，所以需要在文档中说明颜色的使用场景。除了页面整体颜色还需要在文档中用一个版块来具体说明链接按钮等的颜色。不过说到底，用什么颜色很重要，但是哪里用怎么用更重要。

针对具体项目列一个项目结构出来很有必要。你要决定是把手册设计成一个只有一页纸（或者更长）的说明文档还是一个小型的 Web 站点。也要决定是否包含目录并从目录链接到对应板块。不管怎么决定都可以。重要的是这个手册能让沟通协作更方便以及在设计上保持一致性。

有时候我也会疑惑我已经有了原型为什么还要费心思写手册。毕竟，开发人员只用打开开发者工具就能知道按钮是什么颜色了不是吗?

没错。开发人员是可以这样做，但是客户不一定能。其他同事以及将来接手的设计师也不一定能。况且就算你能知道某个按钮的颜色是什么，边距是多少，也不知道它们具体的使用规则；简单通过开发工具来查看网格系统中的一些变量值也得不出什么规律来。手册自有它的作用，它应该是书写良好、便于理解并且人人都能读得懂的文档。

11.3 我心仪的规范设计软件

创建网页设计规范最便捷的方式是通过软件，但不是 Word 文档或者其他的文本编辑器。必需要达到我所理想的以下几点才能算是最便捷的方式。

1. 自由编辑

大多数文档处理软件的处理方式都很怪异，比如要求将所有描述写在源码的注释里。这实在是很不直观且局限。我希望它能像 Markdown 那样进行纯文本编辑，但必要的时候又能添加图片、HTML 或者代码。

2. 自动截图

理想状态下，一个好的文档软件应该支持添加线上的 HTML 例子或者截图。我一般更倾向于能够添加截图，因为这样读者就能直观地看到具体的实物。有的项目可能会有上百多个截图。如果都是手工添加的，那不知道要花多少时间。我希望程序能自动去处理这个过程。

3. 手册上的代码片段和原型保持同步更新

和截图一样，我需要文档中的代码片段能和原型保持同步变更。这也是我把代码放在设计手册侧边栏第一位的原因了。

4. 将元素和组件从原型中分离出来

一些用于创建样式手册和图形库的工具会要求你把元素或者元素组分离成不同的文件。这样如果站点的元素很多，维护起来就很麻烦。而如果把文档中所列出的元素从原型中直接分离出来并用合适的代码在文档中加以说明就容易多了。

5. 支持语法高亮

语法高亮可以让代码易读易懂。虽然客户不会关注这些代码片段，但是如果你的代码易读易懂对于开发者在使用你的设计来创建新的网页来说可以节约很多的时间。而且语法高亮更有益于非技术人员阅读 CSS 这种相对易懂的语言。虽然并不是绝对的，不过如果软件中有支持语法高亮的库也是极好的。

目前我还没发现一款包含了所有这些功能的软件。不过不知你还记不记得第 8 章“创建一个基于 Web 原型图”中所讲的如何去创建原型？没错，我也是要借助 Dexy。实际上我之前一直都是通过它来写设计文档的，最后才意外发现它也可以用来设计原型，这样我就可以用最少的软件工具做更多的事情。虽然 Dexy 也不能实现我想做的每一件事情，不过可以通过它来集成其他的软件程序。这样就无敌了。

为什么要在设计手册中加入代码

我通常都会在文档中加入 CSS 代码。主要是为了节约时间，因为在设计原型的时候已经花了时间去定义样式了，就没必要在写手册的时候再去做一遍了。

为了设计一个方便用户使用的元素，我会放一张该元素的截图和一段 CSS 代码用于说明这个元素的一些属性。尽管客户和非技术人员通常只关注简述和截图，不过万一他们想知道某一元素具体的间距值的话，他们也可以直接去读 CSS 代码。

这种方式的一个好处就是当原型改变时，CSS 代码也能自动更新，这样元素的描述和代码就保持一致的，我也就不用回过头去手动更新属性和值了。

在文档中加入 CSS 代码也省去了开发者打开 Photoshop 图层去测量元

素的尺寸。CSS 也可以用以精确的说明在不同的视图下元素值的变化情况。用 CSS 代码来阐述响应式设计是非常有用的。

加入代码并不是必需的。我会加入代码，但也不是每个元素都加，更不是每个项目都加。有些项目只需要几张截图和一些文字说明就够了。

11.4 创建设计文档

下面就来梳理一下如何通过 Dexy 来生成设计文档。一旦你掌握了技巧，你可以让它按照你的想法来做任何事。不过现在，只要放轻松并追随我的脚步就好了。这个过程和第 8 章所讲的创建原型非常相似。

首先切换你的项目目录下，并在命令行中输入：

```
$ dexy setup
```

现在 Dexy 就运行起来了，同时对应的相关文件和日志文件夹一并生成了（不用太关注这些文件，它是供 Dexy 内部使用的）。和创建原型一样，我喜欢将 header 文件和 footer 文件同主体文件分离。接下来可以像第 8 章所述运行 dexy gen 命令，不过由于这个例子很简单（一个简单的网页），我们完全可以手动添加一个 header 和 footer 文件。在项目目录下创建一个叫 _header.html 的文件。添加如第 4 章所讲的以下内容到文件中：

```
<!DOCTYPE html>
<html lang="en">
    <head>
        <meta charset="utf-8">
        <meta name="viewport" content="width=device-width,
        →initial-scale=1">
        <title>Design Guidelines</title>
```

```
        <link rel="stylesheet" href="styles/guidelines.css"
        →media="screen">

    </head>
    <body>
```

没错，正如你所猜想的，我们还要添加一个文件名为 _footer.html 的文件，里面的内容如下：

```
    </body>
</html>
```

现在已有了一头一尾两个文件，还差主体文件。你可以给它起名叫 guidelines.markdown。即设计规范，简单明了。然后找到 _header.html 和 _footer.html 对应的项目路径，在该目录下新建该文件。最终，Dexy 就会将这三个文件合并成一个完整的设计手册。

> **注意** 如果你希望手册是由更多个页面组成的，也可以用第 8 章所讲的模板的方式来设置 Dexy，这里所用的是 rdw:mocku 模板。这个模板要更复杂一点，不过原理是相似的。同时，你可以随时关注 responsive-designworkflow.com 网站，看看有没有新的模板诞生或者已有的模板有何更新。

11.4.1 动手写文档

不管使用什么工具什么技巧，软件不可能帮你写文档。如何写才是最难的。也是整个手册中最重要的部分。书写良好的文档能更益于软件的使用。书写良好的手册也更容易被理解，让设计师更容易实现设计。同时也让组员之间的沟通更顺畅。花多一点时间在内容上吧。这才是关键点。

手册不是小说，大部分的人都不可能注意到每一个细节，所以确保不要将信息隐藏到不显眼的位置。多想想一般人会在什么情况下使用你的手册。除了列出一些基本的使用规则之外也要考虑各种场景下更细节的东西。重复和交叉引用是一个不错的方式。

在文档中加入例子也是个不错的方式，前面很多章节都有强调要自动引入一些例子。不过这并不意味着一定要添加例子。手册不是例子库，截图、代码片段以及在线运行的代码都只是为了写出更好的文档，更易于理解。

我建议先从文字内容开始，就像我建议以文字内容开始响应式设计工作流是一样的道理。内容之于设计规范就像其之于原型。

还存在一种情况就是内容不是由你写的。所以最好还是使用 Markdown 来写文档，因为任何一个人都可以在 5 分钟内学会使用 Markdown。文字部分可能是在设计完成之后才写的，不过如果和设计师一起协作，那也有可能是写文档和设计并行。以我的经验来看，两种可能性都有：一部分的文档书写是在设计过程中完成（比如交代相关的背景知识），另一部分是在原型完成之后（主要是等客户对方案拍板才能进行后续工作）。

不管用哪种方式，如果像这章例子中所讲的只创建一个单页的文档的话，那 guidelines.markdown 文件就是整个手册的核心了。接下来就是将原型抽象成手册了，不过先还是创建一个简单的文档去了解多个部分是如何组织在一起的练练手吧。先在 Markdown 文件里添加下面这段文字：

```
# Responsive Design Workflow book site: design guidelines

This page contains the design standards used in creating the
book site. These guidelines can be used to create subsequent
pages or other web projects related to the book.

## Background

The site has been designed to be a companion to the book, in
```

```
terms of both visuals and content. The basic color palette,
typography, and other aspects of the book's design language
have been ported to the web, while attempting to remain
consistent with the look and feel of the book. The biggest
difference between the book site and the design of the book
itself is in regard to layout: the website uses a respon-
sive approach, in which the layout may change depending on
the size of the user's screen. Content remains consistent
regardless of the device.

## Responsiveness and breakpoints

There are three major breakpoints for the page layout:
`400px`, `600px` and `900px`. The following examples show
how the website looks at these three viewport widths:
```

这里的 px 是为了和第 9 章的程序截图对应的。如果截图中用的单位是 em，那这里也要改成 em。

接下来就是要添加一个例子了。在写文档的过程中，不能因为还不知道要添加什么例子就阻碍了我们前行的脚步，所以可以像下面这样在想要添加例子的地方加一个占位符：

```
[[INSERT SCREENSHOTS HERE]]
```

这方便你之后再回过头来添加例子。

11.4.2　添加各种形式的示例

文档中可以添加的示例类型如下所示。

- 插图，如断点图。
- 整页或某一模块元素的截图。
- 代码段，如 CSS。
- 代码最终运行效果，如按钮或者动画。

当然也可以在 HTML 中引入添加任何你想要的东西，比如视频。记住一点，Markdown 本身是兼容 HTML 的，所以只要有需求，你可以随意地在 Markdown 中使用 HTML。

接着上面的在文档添加例子来讲，如果我们想在页面中加入 3 张截图，每一张都是首页在不同视图下对应的效果截图。那我们就可以很幸运地像第 9 章所讲的那样来操作。所以在文档中加入截图，只需要像下面这样给个图片链接就可以了：

```
![](/mockup/screenshots/home400.png)
![](/mockup/screenshots/home600.png)
![](/mockup/screenshots/home900.png)
```

这和在 HTML 中使用 <img> 标签是一样的效果：很简单地就将一张已存在的图片添加进来。我们还可以通过 Dexy 和 CasperJS 两者相结合，自动替换文档中对应的占位符，加入任何我们需要的图片。这样做的一个好处就是省去了手动去编辑源文件，运行 Dexy 就可以自动更新截图并插入到文档中。

接下来就动手试试吧。

11.4.3 生成截图

为了在这个例子中生成截图，你需要稍稍修改下第 9 章生成原型截图的脚本文件。既可以把它（在对应的原型文件夹路径下）直接复制到项目文件夹下，也可以再新建一个。可以将它命名为 screenshots.js，只要不和已有的文件发生命名冲突就可以了。然后再在文件中加入下列脚本：

```
var casper = require('casper').create();

casper.start();

var baseUrl = 'http://localhost:8085'; // <- Should be the
→host Dexy names when running "dexy serve"
var breakpoints = [400, 600, 900];

casper.open(baseUrl).then(function () {
    breakpoints.forEach(function(breakpoint) {
        casper.viewport(breakpoint, 800).capture('images/' +
        →breakpoint + '.png', {
        top: 0,
        left: 0,
        width: breakpoint,
        height: casper.evaluate(function(){ return
        →document.body.scrollHeight; })
        });
    });
});

casper.run();
```

这段代码还是很简单的，因为我们不需要轮询很多的页面（如果想轮询的话，可以直接使用第 9 章中的脚本文件）。这段脚本会打开挂载在 dexy 服务器上的首页原型，并为每一种视图生成一张截图，同时将其保存到视图数组中。截图以 [breakpoint].png 的形式命名并保存到图片文件夹下。所以我们需要稍微修改 Markdown 文档中的图片链接：

```
![](images/400.png)
![](images/600.png)
![](images/900.png)
```

是不是很简单。现在我们要通过配置 dexy.yaml 文件来使 CasperJS 脚本在 Dexy 下运行起来。

11.4.4 配置 Dexy

Dexy 通过读取配置文件来执行任务。这个配置文件是每个 Dexy 项目都必不可少的。在项目文件夹下新建一个空文件并命名为 dexy.yaml。接下来配置该文件，首先通过下述命令告诉 Dexy 如何处理 guidelines.markdown:

```
guidelines.markdown|pandoc|hd|ft:
    - partials
    - screenshots
```

执行到这里，我们可能会说："先用 Pandoc 来运行 guidelines.markdown，然后是 Dexy 的 header(hd) 过滤器，再然后是 footer(ft) 过滤器。利用模板和截图。" Dexy 并不能马上就知道模板是什么（只是我们自行称 header 和 footer 文件为模板而已）以及截图在哪里。

```
guidelines.markdown|pandoc|hd|ft:
    - partials
    - screenshots
partials:
    - _*.html
```

上面最后一行向 Dexy 声明，以下划线开头以 HTML 作为扩展名的文件就是模板文件。此处所指的就是 header 和 footer 文件。接下来我们就向 Dexy 声明一下截图的所指：

```
guidelines.markdown|pandoc|hd|ft:
    - partials
    - screenshots
```

```
partials:
    - _*.html
screenshots:
    - screenshots.js|casperjs
```

这段代码的意思就是说，通过 casperjs 来执行 screenshots.js 文件。配置过程到此就算完成了。保存文件后就可以开始测试了。

11.4.5 测试整个 Dexy 项目

如果你想要为原型生成截图，那就需要在原型所在的文件夹下启动 Dexy serve。并运行 Dexy 命令。由于这些不能在同一个终端里面去做，如果熟悉 GUN Screen 这样的工具话借助它来操作或者打开一个新的终端（打开新的标签页或新的窗口都可以）。在一个终端下导航到原型对应的文件夹（参见第 8 章的 dexy.yaml 配置方法），然后运行 Dexy serve。在浏览器中打开 Dexy 生成的地址确认是否正常运行。接着切换到另一个终端，确保目前处于 guidelines.markdown 所在的目录下，接着运行 Dexy。

Dexy 会在几秒钟之内完成。此时在项目文件夹下，你会看到 Dexy 生成了一个输出的文件夹。打开那个文件夹，你会看到一些文件和一个图片的文件夹。Guidelines.html 这个文件就是 Dexy 为你生成的设计手册对应的网页。在浏览器中打开这个文件（见图 11.3）。内容还不是很完整，不过你可以查看一下是否包含了以下几点。

- 内容从 Markdown 转化成 HTML。
- 生成的截图包含到 HTML 中。
- header 和 footer 中的内容被合入到 HTML 中并生成一个完整的页面。

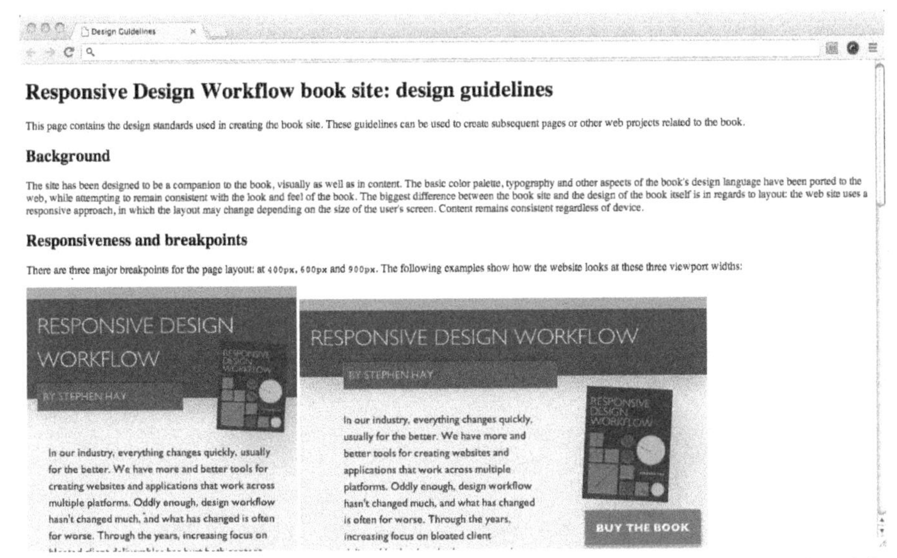

图 11.3 Dexy将markdown中的内容转化成一个无样式的网页并将生成的图片导入其中。

设计文档也需要自己的样式（我们已经在_header.html中准备好了guidelines.CSS，你可以用它来为你的设计文档设置样式）和内容。并没有必要为我们的例子生成一套完整的设计，不过还是完整地来示范下如何将截图和从原型中拉取的HTML和代码片段添加到页面元素上吧。

11.4.6 捕获特定元素的屏幕截图

你现在已经对如何插入一整页的屏幕截图到设计文档中很熟悉了。不过如果只是想插入页面中的某一部分应该如何做呢?

记住Dexy本身不能截图而是通过运行CasperJS来生成截图，这就意味着screenshot.js掌控着你想要添加的截图及添加的方式。一起来看看如何通过CasperJS中的captureSelector()方法来为元素生成截图吧。

我们之前使用的capture()函数可以用来截取整个页面。captureSelector()

这个函数根据所传递选择器参数来截取特定元素的截图。这个功能极其有用，在处理断点轮询时我们已经有使用过 captureSelector() 这个函数了，它甚至可以捕获在不同宽度屏幕下的元素的截图。现在就来为页面的元素 h1 标题抓取截图试试看。首先在谈论标题之前为文档添加一些内容。在之前添加的图片下面为 h1 添加一些文本：

```
![](images/400.png)
![](images/600.png)
![](images/900.png)

## The main heading

The main heading of the page is also the title of the book,
→and has a different appearance than normal headings:

![](images/h1.png)
```

我想你已经知道我们接下来要做什么。我们需要调整下 screenshots.js，这样它除了可以捕获到整页的截图，还能捕获标题的截图。

> **注意** 要在 screenshot.js 中将你想要生成的截图都手动地添加上去，一次性配置好了之后，当原型发生变化的时候，只要再运行一下 Dexy，文档中的截图也可以随之更新了。

在 screenshot.js 的 CaptureSelector() 方法中添加想要截图的类型：

```
casper.open(baseUrl).then(function () {
    breakpoints.forEach(function(breakpoint) {
        casper.viewport(breakpoint, 800).capture('images/' +
        →breakpoint + '.png', {
        top: 0,
        left: 0,
```

```
        width: breakpoint,
        height: casper.evaluate(function(){ return
        →document.body.scrollHeight; })
        });
    });
});

casper.then(function() {
    this.captureSelector('images/h1.png', 'h1');
});

casper.run();
```

这个方法携带两个参数，一个是保存的文件名称，另一个是选择器，这里指的就是 h1。如果你对 CSS 选择器熟悉的话，那你一定清楚 #foo 表示的就是 id 为 foo 的元素。CasperJS 还提供了 xPath 表达式的方式，如果有需要，你也可以自由使用。

仔细看看我们刚刚添加的 casper.then() 这个函数块。如果我想要为 20 个不同元素的生成截图，那简单的处理方式就是把这20种元素在程序中列出来，每一个各司其职。虽然这样很繁琐，也不会给你的 JavaScript 水平带来任何提升，不过要记住一点的是，我们这里是在做设计文档，而不是一个功能明确的 JavaScript App。

接下来执行 dexy-r 命令，它会重置 Dexy 并且重新启动它。再打开 guidelines.html，你就可以看到标题的截图已经生成好并添加进来了（见图 11.4）。

The main heading

The main heading of the page is also the title of the book, and has a different appearance than normal headings:

RESPONSIVE DESIGN WORKFLOW

BY STEPHEN HAY

图 11.4 在 Dexy 中使用 CasperJS 使得生成元素截图更便捷。

11.4.7　引入能渲染出效果的 HTML

有些时候需要将一些能够实际运行并在浏览器中渲染出实际效果的代码作为设计文档的一部分。比如，单单用截图来说明有一个有悬浮效果的按钮是不够直观的。添加类似的代码是可行的，其中一种方式就是利用 Dexy 的 htmlsections 过滤器（Dexy 有一系列的过滤器，你可以随意定制）。

我也不是常有这样的需求，因为在原型中已经涵盖了这些有悬浮效果的按钮了。一个比较好的方式就是在文档中提供链接到原型的对应位置。实际上，在我看来，原型也是设计文档、必不可少的一部分。

在文档中插入有实际渲染效果的 HTML 比插入截图更耗时间，因为需要在原型中用一些特定的注释将你想要提取出的元素包裹起来。除此之外，还要保证文档和原型使用的是相同的 CSS，同时还要手动设置并引入元素的样式，因为原型中没有提供默认的样式。如果你真想这么做的话，可以继续往下看。

以 h1 来简单说明一下。如果你想要在文档中添加一个实际的 h1 而不是 h1 的截图，那你就要对 Dexy 说明 h1 就是你想要添加的元素。打开原型的 HTML 文件，并在你想要提取的 h1 下添加如下所示的注释。

```
<!-- section "h1" -->
<h1>Responsive Design Workflow</h1>
<!-- section "end" -->
```

接着要调整下 dexy.yaml 文件来指示 Dexy 通过 htmlsections 过滤器来运行你的原型 HTML 文件：

```
guidelines.markdown|pandoc|hd|ft|jinja:
    - partials
    - screenshots
    - sources
partials:
    - _*.html
screenshots:
    - screenshots.js|casperjs
sources:
    - mockup/output-site/index.html|htmlsections
```

注意 如果你使用 htmlsection 来拉取能渲染出效果的 HTML 代码，并在 Dexy 生成的原型文件中添加特定的注释，那当你更新原型的时候，所做的修改就会丢失。因此需要在源 Markdown 文件中添加注释，并先在原型文件中运行 dexy -r 命令，再将其移动到项目文件夹下即可。

这样我们就为设计文档加入了一种新的输入格式，通过它就能分离出我们想要添加的 HTML。不过就不能像调用图片一样调用 h1 元素了。为此就需要使用 Jinja 代码段。通过 Dexy 查看器可以查看在 Dexy 中哪些代码段是可以用的（见图 11.5）。重新运行 Dexy，改动就能生效了：

```
$ dexy -r
```

并运行如下命令：

```
$ dexy viewer
```

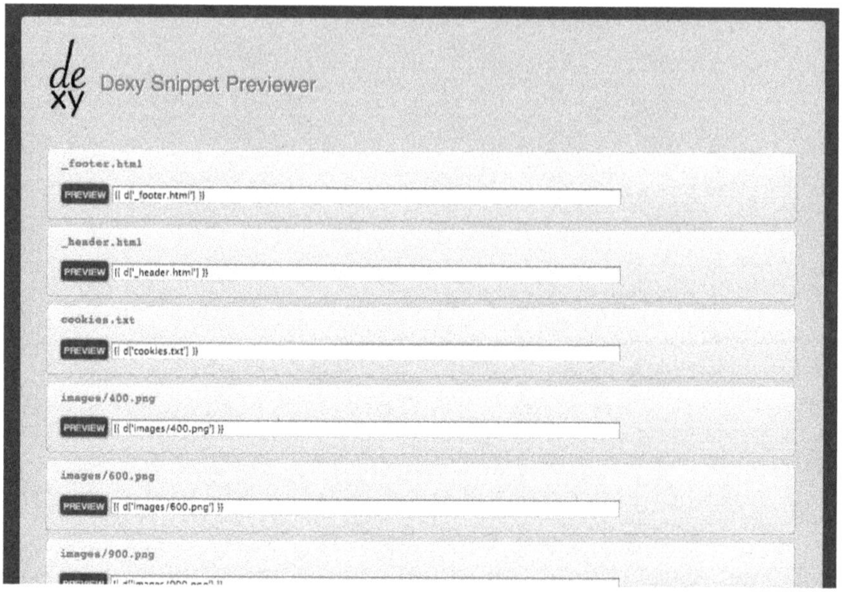

图 11.5　Dexy 便捷的代码段查看器，方便查找 Jinja 代码段，并将其复制粘贴到文档中。

它将返回一个可以在浏览器中打开的网址。同时在页面上能看到一串用于 htmlsections 的 Jinja 代码段。将 h1 的片段复制粘贴到 guidelines.markdown 文件上：

```
{{ d['mockup/output-site/index.html|htmlsections']['h1'] }}
```

该方式对插入图片也是有效的，不过这里只用于插入 HTML。再一次执行 dexy -r 命名并重新打开（或刷新）guidelines.html 文件，你就可以看到在页面底部已经生成了一个实际的 h1 元素了。

可能需要花点时间来使用这个生成过程，不过你还是能看到，在文档在插入截图或者 HTML 代码段都是很简单的事情。

接下来就一起看看如何在文档添加另一种格式的很有用的信息：代码。

11.4.8 包含高亮的代码

很多情况下需要在设计文档中插入代码。比如你可能需要在文档中为你的站点或程序加上一些说明和代码注释、贴上实现该元素的 CSS 以供读者复用，又或者是一些代码以及对应的执行结果。就像之前提到的那样，每一个元素我都会附上一段 CSS 代码段和一段简洁的描述及截图。比如在一个含有 h1 标签的截图旁，我会添加一段 CSS 用以说明在这个 h1 上都使用了哪些样式。用 CSS 来描述 h1 使用了哪些样式是非常直观的。虽然看上去这种方式有点太技术化了，不过也还是取决与你怎么书写 CSS 代码，写得好的话对于描述我们视觉所能看到的一些样式还是非常有益的。比如 margin:1em，看上去就可以理解为这个元素有 1em 的边距值。

当然，你也可以选择只用一些描述性强的文字来说明元素的样式，不过用 CSS 会更精确些。鉴于这个文档是一个纯 HTML 的文档，你可以在上面添加任何你想要添加的东西，比如在上面添加一些 JavaScript 脚本使得 CSS 代码能够被折叠起来，这样不懂技术的人就不会被这些代码所困惑。而感兴趣的人也可以直接展开这些代码段。这也是通过 Web 技术和 Dexy 这样的工具来实现一些很棒的事情之一：你完全可以自由定制你的工作流程。

同样，你也可以加入部分代码用以展示。就像之前使用 htmlsections 过滤器一样我们也要告诉 Dexy 要添加哪些代码，不过语法有些稍稍不同。我们将会用到 1d1op1dae 过滤器来添加 CSS 代码，为了方便我简称它为 1d1o。

1d1o 支持在代码中添加注释，它支持多种语言。将 CSS 原型文件打开，为文档中需要添加注释的代码部分添加上注释：

```
/*** @export "h1" css */
h1 {
    text-transform: uppercase;
```

```
    background-color: #45565c;
    color: #fee29d;
    margin-top: 0;
    padding: .5em;
}
/*** @end */
```

有一点很重要的就是，注释必须要以 3 个星号开始。同时在注释的书写过程中你还需要声明当前使用的语言类型。这里当然就是 CSS。对于某些语言，1d1o 也支持单行注释的语法：

```
/// @export "foo" (does not work with CSS)
```

你完全可以按照我上面所说的在原型的 CSS 文件中用 1d1o 语法来进行声明，然后保存文件。现在直接告诉 dexy.yaml 我们正在使用 1d1o 操作 CSS，同时我们也为 guideline.markdown 文件添加了另一个输入源：

```
guidelines.markdown|pandoc|hd|ft|jinja:
    - partials
    - screenshots
    - sources
partials:
    - _*.html
screenshots:
    - screenshots.js|casperjs
sources:
    - mockup/output-site/index.html|htmlsections
    - mockup/styles/base.css|idio
```

执行 dexy -r 命令并在浏览器中打开 dexy viewer 中对应的 URL，你就会看到页面上 CSS 代码段已经发生了更新。找到 h1 代码段，把它拷贝到 guidelines.markdown 的文件底部：

```
{{ d['mockup/styles/base.css|idio']['h1'] }}
```

你很可能已经发现这段 CSS 代码已经在文档中的。再次执行 dexy -r 命令并在浏览器打开 guidelines.html 文件查看执行结果（已经打开过了就直接刷新）。滑动滚动条到页面底部，就会看到生成了一小段 h1 的 CSS 样式代码（见图 11.6）。

> **注意** 你可能已经注意到在原型和项目文件夹下都有一个 dexy.yaml 文件。在项目文件夹下执行 dexy -r 命令以更新文档和重新生成 guidelines.html，在原型文件下执行 dexy -r 命名更新原型文件。Dexy 会根据 YAML 文件所在的文件夹读取相关配置并执行。

能够将元素截图和真实的 HTML 以及描述性的 CSS 放到文档中还是相当酷的。如果我们需要为大部分的元素都添加 HTML、CSS 和截图，只需要通过程序来快速替换需要生成的部分。当原型发生改变时，只需要执行一些 dexy -r 和 voila 命令就能将文档更新过来。不论是截图还是代码也一并更新了。

The main heading

The main heading of the page is also the title of the book, and

```
h1 {
    text-transform: uppercase;
    background-color: #45565c;
    color: #fee29d;
    margin-top: 0;
    font-size: 2em;
    padding: .5em .5em 1em;
    box-shadow: 0px 10px 50px silver;
}
```

图 11.6 Dexy 使得在手册和其他文件之间操作代码变得很方便。

现在已经将 CSS 代码添加到文档中来了，不过代码都是黑色的，如果能为它加上对应的语法高亮就更好了。由于 CSS 注释是通过 1d1o 加进去的，1d1o 除了知道当前所加的 CSS 语言之外，它还可以借助 Python 的 Pygments 语法高亮库来实现 CSS 语法高亮。利用这个一起来编辑一下 _header.html 文件，并在该文件的 <head> 标签下的 style 结点中加入如下对应的 jinja 语法：

```
<style>
    {{pygments['pastie.css']}}
</style>
```

保存文件，你会看到新增了一个 pastie.CSS 文件，就是这个文件用特定的颜色把代码高亮了。你也可以在 Pygments 网站上去选择其他的样式文件。不过这里我们还是先以 pastie.CSS 为例吧。再次执行 dexy -r 命令并刷新 guidelines.html。滑动到页面底部，CSS 的语法已经被高亮了（见图 11.7）！

The main heading

The main heading of the page is also the title of the book, and

```
h1 {
    text-transform: uppercase;
    background-color: #45565c;
    color: #fee29d;
    margin-top: 0;
    font-size: 2em;
    padding: .5em .5em 1em;
    box-shadow: 0px 10px 50px silver;
}
```

图 11.7　添加语法高亮很简单同时也使得代码易于阅读。

11.4.9　动手做一个你自己的文档

当你需要自己动手创建文档（或者样式指南），你一定也会想多花些心思把它做好。鉴于它和传统的网页一样，你可以在 _header.html 下为手册添加 CSS（见图 11.8）。你可以添加一些脚本、表格以及任何想添加的东西。你可以用我们之前讨论过的那几种方法创建多页的样式指南，不过就是需要将例子中讲的单页模板替换成 rdw:mockuptemplate 模板。

在做上述那些操作之前还是需要花点时间搞清楚 Dexy 的工作原理。核心我们在这一章已经讲过了：先从一个简单的 Markdown 文件开始，添加 header 和 footer 文件，再一点点地添加看看它究竟是如何工作的。

不管你是用文档还是设计或者 PPT 的方式来生成手册都可以（不过我还是不希望看到你们用手工方式来生成文档）。这一章讲到很多基础模块可用于自动生成设计文档的某些部分。不过用不用在于你自己。

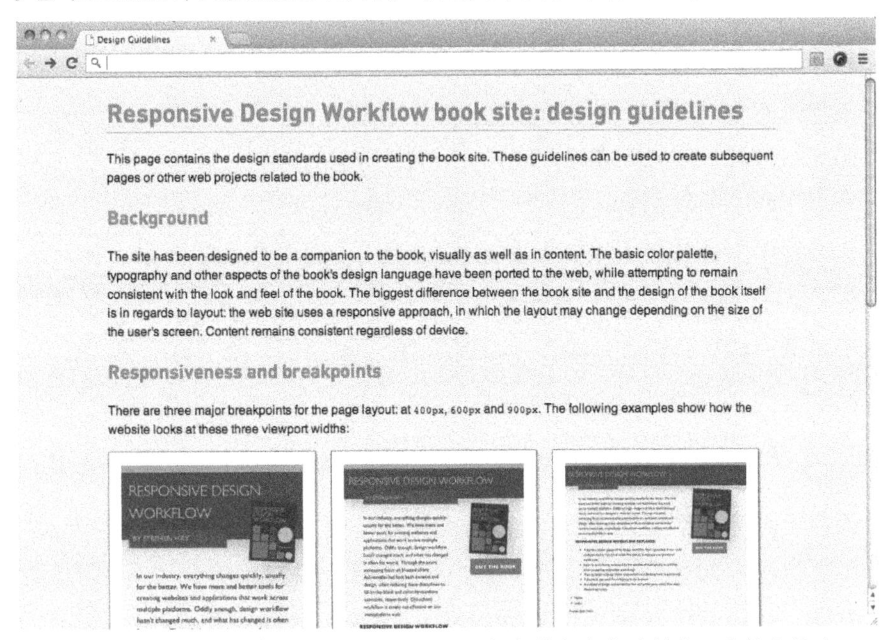

图 11.8 由于文档本身就是网页，所以添加各式符合客户的样式还是很方便的。

11.5 写在末尾的话

终于到了本书的结尾了，我的响应式工作流程也要告一段落了，但这并不是结束而是开始，是各种尝试的开始。也许你会对这整套流程很满意，但可能你还是更倾向于自己的方式也不一定，不过能够在本书中找到那么一两点可以借鉴到你做事的方式中也是很不错的。你可能有不同的方式来解决我所提到的问题，甚至可能你的方式比我的还要好。

我所提到一些设计工具到了你那里可能又会有其他的用途。流程中的有些部分可能也有一些交叉重复的地方。有些人不喜欢将 Web 技术当成设计工具来使用，而有些却很乐意，比如我。虽然我曾经也很讨厌这样！

最后，我们再一起来回顾一下整个流程。

1. 生成内容目录（第 2 章）
2. 制作内容参考线框图（第 3 章）
3. 基于文本而设计（第 4 章）
4. 生成线性设计（第 5 章）
5. 决定不同的视图和对应视图下的图形（第 6 章）
6. 为主视图画出草图（第 7 章）
7. 生成基于 Web 的原型（第 8 章）
8. 将截图作为初始设计呈现出来（第 9 章）
9. 持续迭代（第 10 章）
10. 生成设计文档（第 11 章）

如果你已经完成了这一系列的工作也得到了客户的认同，那你的产品就是可交付的，对于产品中最核心的一点要有信心：它包含了基本的结构化内容，也涵盖了渐进式增强并以 Web 中常见的响应式设计为基础。

就像著名的富有创造性的天才 Paul Arden 所说的：“如果你发现这些规则并不能帮你解决实际的问题，那很可能是因为你被规则玩弄于鼓掌之间”。

当你发现这些规则对你不适用，大可以跳出它并打破它。